中华历代家训集成

明卷：
夫学，莫先于立志

石孝义 编著

河海大学出版社
HOHAI UNIVERSITY PRESS
·南京·

图书在版编目（CIP）数据

中华历代家训集成．明卷：夫学，莫先于立志 / 石孝义编著． -- 南京：河海大学出版社，2021.10
　ISBN 978-7-5630-6693-3

Ⅰ．①中… Ⅱ．①石… Ⅲ．①家庭道德－中国－明代 Ⅳ．①B823.1

中国版本图书馆CIP数据核字（2020）第271910号

丛　书　名 / 中华历代家训集成
书　　　名 / 明卷：夫学，莫先于立志
MING JUAN:FU XUE,MO XIAN YU LIZHI
书　　　号 / ISBN 978-7-5630-6693-3
责任编辑 / 毛积孝
特约编辑 / 李　路　韩玉龙
特约校对 / 李　萍
装帧设计 / 秦　强
出版发行 / 河海大学出版社
地　　　址 / 南京市西康路1号（邮编：210098）
电　　　话 /（025）83737852（总编室）
/（025）83722833（营销部）
经　　　销 / 全国新华书店
印　　　刷 / 三河市元兴印务有限公司
开　　　本 / 660毫米×960毫米　1/16
印　　　张 / 11.75
字　　　数 / 140千字
版　　　次 / 2021年10月第1版
印　　　次 / 2021年10月第1次印刷
定　　　价 / 69.80元

序

一

"家训",也称"家令""家诫""家戒",是古人对父母、祖上训诫子孙的一种尊称。学界认为,《商书·盘庚上》中的训辞是我国家训史上有文字记载的最早的一篇家训。但这时的"家训"二字的意义还比较模糊。较为清晰的家训形式的出现,应当说是西周的周公姬旦的《诫子伯禽》,这篇文字以"教子言行"的方式训诫其子伯禽谦虚谨慎、戒骄戒躁,实际上已经具备了家训最基本的元素。总体来说,先秦时期,家训还处于萌芽阶段,这个时期的家训思想只是见于一些先秦古籍的记载中,没有出现独立成篇、有意为之的家训作品。在这些零散的记载中,尤其以帝王的庭训最多,所以这一时期的家训形式带有极浓的国家政治色彩,"家"的概念还没有具体成型。

到了两汉时期,家训才慢慢地开始成型。"家训"一词最早出现于《后汉书·边让传》,蔡邕在向何进推举贤才边让时,说他"髫龀凤孤，不尽家训"。与"家训"同义的"诫子书""家诫"一类的典籍形式主要也是在这一时期出现的。据王长金考证，《艺文类聚》中引用《诫子书》《家诫》等十多家，其中最早的有汉代刘向的《诫子歆书》，之后有张奂、司马徽、马援的《诫子书》等，"训""诫"在当时已经作为独立的文体出现了。西周末年，国家分崩离析成大大小小的诸侯国，相互杀伐吞并，宗法制度崩坏，礼仪制度已无人遵循，这几百年间许多国家的存在如白驹过隙，匆匆而逝。这时，依靠血缘组成维系的社会最基本的"原子"——"家庭""家族"，在乱世之中慢慢地凸显出来，最终成为最坚固、最稳定的社会基本组成单位，并由此一直延续了几千年之久，成为华夏文明的一个突出的标志。林语堂在《吾国吾民》中说："中国人只知有家不知有国。"这一语确实道破了中国社会的一个本质。此外，钱穆先生在《中国文化史导论》中对"家"的溯源是这样定义的："中国古史上的王朝，便是由家族传袭。夏朝王统，传袭了四百多年，商朝王统传袭了五六百年。夏朝王统是父子相传的，商朝王统是兄弟相及的。"这表明中国古代的政治统治体系是"家""国"合一的"家天下"式的，其中"国"是"家"在政治领域上的扩大和延伸，"家"是"国"的社会基本细胞。这是从正、反两个方向定义了"家"与"国"的关系。不管怎样，"家"是几千年来中国社会最稳固、连续、绵长的一个"原子"。钱穆认为"家族是中国文化一个最主要的柱石"，他甚至说："中国文化全部都从家族观念上筑起。先有家族观念乃有人道观念，先有人道观念乃有其他的一切。"再通俗一些讲，即儒家经典《大学》中提到的"古之欲明明德于天下者，先治其国；欲治其国者，先齐其家；欲齐其家者，先修其身；欲修其身者，先正其心"，也就是后世被奉为儒家经典八条目的"格物、致知、诚意、正心、修身、齐家、治国、平天下"的儒家修学次第。正是由此，从汉代将儒学奉为正统之后，中华文脉之中"齐家"的思想也逐渐成为一个坚定的符号存在下去，而如何齐其家，怎样使家齐，便也成了日后士大夫，隋唐之后儒生，再之后所有有责任心、使命感的国人的一项坚定的使命，于是维系家族的昌盛，使家族源远流长，也便成了家训的一个清晰的目标与责任。

两汉时期的家训篇幅还比较短小，如刘邦的《手敕太子》，全文不过两三百字，东方朔的《诫子书》也只有百余字而已。但这时的家训明显已由先秦时期士大夫阶层对"国"的关注过渡到对"家"及"人"的关注，而且中心观点已逐渐清晰起来：一是为人处世，一是齐家守业。尤其是士大夫阶层的"整齐门内，提撕子孙"的思想更是凸显。比较典型的是司马谈的《命子迁》、马援的《诫兄子严敦书》。这里值得关注的是班昭的《女诫》，这部家训虽说只有两千多字，但在当时已属"鸿篇巨著"，而且体例完备，全书分卑弱、夫妇、敬慎、妇行、专心、曲从和叔妹七篇，卷首有自序。这部家训在当时已趋向于专著的模式，此外这也是中国家训史上第一部针对女性书写的家训。除此之外，还有郑玄的《戒子益恩书》，这篇家训虽说只是一封家书，内容并不深刻，但作为儒学大家的郑玄，他的"介入"，无疑是将儒家的思想精华带入了家训之中，由此影响了后世儒生，并牢牢地将家训的形式、内容与儒家的思想紧紧相连。总体来说，汉代家训文章篇幅短小，主要采用的形式有家书、遗令或遗书等，在表达上情真意切、通俗易懂。汉代家训在家训史上属于一个发展的时期。

到魏晋南北朝时期，家训在数量上较之汉代有了突飞猛进的增加。据相关统计，这时期的家训作品有二百多篇，无论是内容还是文体都开始趋于成熟，而且呈现百花齐放的态势。像以家书形式出现的家训有王修的《诫子书》、羊祜的《诫子书》等；以遗令、遗嘱形式出现的家训有曹操的《遗令》、刘备的《遗诏敕后主》、向朗的《遗言诫子》等；以歌咏形式出现的家训有傅昭的《处世悬镜》等。而在思想内容上，两汉时期"以儒家思想观念作为立身处世原则，以儒家重要经典作为理论依据，以圣贤作为道德典范与行为楷模"的单一、简短的思想内容已经向多角度、广深度的内容发展，如在体裁上具有散文性质的颜延之的《庭诰》、嵇康的《家诫》等家训的出现，使之前的理性、坚硬的文体形式具有了感性、柔软的一面。这两个作品的写作背景极其相似，嵇康的《家诫》是在他被绑赴法场前写给儿子的肺腑之言；《庭诰》则是颜延之在被二次免官之后，居住在建康（今南京）长干里颜家巷时内心郁积时而作。这二人都是放诞任达、龙性难驯的性格，都不甘与浊世同流合污，然而又深知世道的险恶，生活当中随处潜伏着杀机，所以他们不希望子弟学他们的模样，成为狂狷之人，因此作此家训以警示后人。所以说，此时的家训内容已由先秦、两汉时期相对模糊、率性、随意的写作状态进入了"自觉"的写作状态，这时的家训更为丰富、深刻，也充分地说明了家训发展至此，有了从内容到文体、从思想到形式的全面发展。这样也为魏晋后期北齐颜之推的《颜氏家训》的出现奠定了思想与内容基础。《颜氏家训》被称为"家训之祖"，全书共有七卷，分为二十篇，包括修身、齐家、治学、为人、处事、任官之道等方面的内容。其思想以儒家为宗，体例夹叙夹议，其训诫对象亦不仅限于一人一事，而是针对全家及后世子孙而言。由于《颜氏家训》的内容广泛、体例完备、思想深远，这些都远超此前的历代家训，所以对后世的影响极为深远。此外，这一时期比较著名的还有诸葛亮的两篇家书《诫子书》《诫外甥书》，这两篇家书，不仅展现出了家训内容的深刻，也折射出作者高尚而儒雅的文人气质，更是诞生了若干千古名句，像"静以修身，俭以养德""非澹泊无以明志，非宁静无以致远"。

另外，魏晋南北朝时期的家训还有一个独特的产生背景。这个时期是我国历史上大震荡和大裂变的时期，动荡与杀戮几乎充斥了整个魏晋南北朝时期。许多有识之士从自身的经历和感受出发，立足于"保宗兴族，不辱先祖"的目的而对后代、族人提出各自的训诫，这也是这一时期家训产生的一个重要原因。此外，在选官机制上，这时期仍然注重道德与操行的选拔，一些世家大族为提高家族在政权中的影响和地位，一些普通家族为步入仕宦通途，都力图保持仁、义、忠、孝的美誉。于是他们将这些诉诸文字，以较为通俗易懂的方式，或作书，或书诫，或为训，以此教谕子孙后代，规范他们的思想和行为。其次，就深层原因看，魏晋南北朝已进入我国古代家族文化建设的相对自觉阶段，所以，建设家族文化，增强家族凝聚力，越发显得必要和迫切。人们在保全门户观念的规约下，主动地以儒家文化价值观念为依托，整合现实的社会价值观念，施教于门户之内，自觉地进行家族文化建设。正如钱穆先生所说："当时门第观念的共同理想，所期望门第中人，上自贤父兄，下至佳子弟，不外两大要目：一则希望其能具孝友之内行；一则希望其能有经籍文史学业之修养……其前一项之表现则成为家风，后项之表现则成为家学。"所以家风作为这一时期家族文化建设的一大内容，直接促成了家训数量的猛增。而这一时期，一些比较有代表性的家训作品大都出自门阀大族中的精英子弟之手。如出自"琅琊王氏"家族的王祥、王僧虔，出自"太原王氏"家族的王昶，出自汉魏名门士族的羊祜，出自"顺阳范氏"家族的范晔，出自"弘农杨氏"家族的杨椿等。这不能不说，魏晋南北朝时期，士族精英子弟在有关家族文化建设上的主动性与奉献精神较之各代更为鲜明而无私，期望也更为迫切，所以这时期的家训作品也较之前代更具有深刻性与普遍性。

唐代，是我国封建社会政治、经济、文化高度发展的时期，它结束了从魏晋南北朝以来的连年战争，重新完成了大一统的局面。这时士族阶层也发生了变化，由于科举制度的兴起，选才制度的更新，从此士族阶层不再独占文化上的优势，并将文化逐渐传递给了社会其他各阶层，而家训在此之前因为历经千余年，已经有了极其丰富的积累，所以到了唐代，家训的创作便呈现出日益完备、日趋成熟的特色。尤其是儒家纲常伦理思想更是通过各种途径深入家庭、宗族之中。在内容上家训也随着观念的成熟而臻于完善，而其中教诫的内容更是多方面的，并不像魏晋、六朝时期专注于某一个或两个具体的问题。唐代家训的内容可以说涉及人生与社会的各个领域，几乎无不涉及，如日常的洒扫庭院、应对进退、待人接物、爱亲敬长、尊师重道、衣冠服饰、言行步履、读书作文、修身齐家，以至治国平天下。

关于唐代家训的主核是否依然传承自汉代以来"儒家学说"一以贯之的局面，学术界曾有过不同的声音，国学大师梁启超就曾说过："六朝隋唐数百年中志高行洁、学渊识拔之士，悉相率而入于佛教之范围。"学术界或许如此，但从唐代家训的考察中发现，家训的思想内容却并非如此，这一时期几乎所有家训的篇章依旧深深浸润着儒家的伦理道德观念。首先从士大夫阶层来说，像李翱的《寄从弟正辞书》、李华的《与外孙崔氏二孩书》、柳玭的《柳氏家书》，这些家训作品中或明或暗地都传递着儒家的伦理思想。出自社会底层的《太公家教》也是如此。而来自统治阶层的代表，像李世民的《帝范》、李治的《诫滕王元婴书》，也无不以儒家的思想为基础进行有的放矢的阐发。而产生这样结果的原因，其中最重要的一条无疑是如学者刘宏斌所说的，"隋唐以后的科举考试把这种尊一罢百的局面推向顶峰，使家庭教育的内容成为彻头彻尾的儒学说教"。另外，家训最基本的功能就是伦理的教化，它所要达到的目标就是家族子弟通过道德等方面的修养而达到个人的自律和家庭的和睦。只有个人修养和个人道德行为自觉程度提高，才能更好地调适个人与他人、个人与社会之间的关系；只有家风整齐和家庭成员各种关系和谐，才能实现社会各个细胞组织的和谐有序发展，以此为社会的整体平衡与稳定发展提供条件。而这一目标无论于国于家来说都是符合他们的利益要求的，所以对于家族的治乱与国家的兴衰来说，这是一而二、二而一的事，而家训便自然而然地承载了儒家的入世思想的内核，所以上至皇族，中至士大夫，下至贫民，儒家的伦理观成为他们共同遵循的思想观念。

这时期比较有名的家训作品有柳玭的《柳氏家书》、李恕的《诫子拾遗》和另一位女性作者宋若莘创作的《女论语》。此外，唐代家训中还有两篇特例作品需要介绍一下，这两篇家训都是中国古代家训中的名篇，作品也都吻合了盛唐大气磅礴的气势，而独特之处在于它们摆脱了自先秦以来家训主题谆谆于修身的叮咛，另辟蹊径，一个是教儿子如何做皇帝，一个是教儿子如何做宰相，这两篇作品便是唐太宗李世民的《帝范》和唐中宗时宰相苏瓌的《中枢龟镜》。《帝范》一书共分十二篇,另有"序"和"跋"。在"序"中唐太宗讲述了自己这篇文章的创作动机,是太子李治因年幼"未辨君臣之礼节,不知稼穑之艰难",自己"每思此为忧","所以披镜前踪,博览史籍,聚其要言以为近诫云耳"。作为我国历史上第一部系统化的帝王家训,《帝范》对后世影响很大,不但为历代有识之君所关注,也为普通士子所欣赏。而《中枢龟镜》这部家训是唐中宗时期宰相苏瓌在相位时,认为自己的儿子苏颋颇有宰相之才,所以他处处以宰相的标准对儿子加以培养,并结合自己的为政经验,前后编选出二十七条训诫加以警示。内中阐述为官的道德原则,传授仕宦的哲学,曲折地反映了当时官场的复杂现实。所以这部作品极为后世的官宦所青睐,尤其是到了宋代,一时朝中高官相互传抄,被定义为"宰相事业之书",这在中国古代家训大观中也属独特的一类。与盛唐气象相对应,唐代家训的成熟还体现在文体结构上,较之汉魏六朝更为庞大,内容更为丰富。如李华的《与外孙崔氏二孩书》,文章虽不长,但却涉及遵家礼、勉学、谨行、顺亲等诸多方面的内容,这在汉魏六朝时期篇幅差不多的家书中是相当少见的。而唐代像这样的家书还不在少数,如舒元舆的《贻诸弟砥石命(并铭)》、元稹的《诲侄等书》、李翱的《寄从弟正辞书》等,均可谓长篇的架构,由此可以看出唐代家训作者在家训观念上比汉魏六朝时期的家训作者要更清晰,不再只就事论事,而是以多角度、多方面的视角对子孙阐述各种道理。

我国传统家训发轫于先秦,发展于汉魏六朝,成熟于隋唐,真正步入繁荣鼎盛时期是宋元明清时期。这一时期的家训数量空前,单据《中国丛书综录》所列的"家训"书目,就有几百种,而宋元明清几代竟然占了五分之四。回顾家训史的发展,我们发现,先秦时期的家训在思想内容上虽然面面俱到,但大都是一笔带过,没能充分展开。而到了汉魏六朝时期,当时的家训在思想内容上虽然较先秦时期要具体得多,但也仅仅停留在"治人"方面,至于"治家",则较少涉及。到了唐代,这时期的家训在思想内容上不但重视"治人",而且兼顾到了"治家",但所论还比较单一,不够全面。到了宋元明清时期,则上述两个方面都得到了充分的发展,其中尤以"治家"方面更为突出,不仅出现了诸如《恒产琐言》《居家正本制用篇》《经锄堂杂志》等专门讨论居家理财类的专著,而且出现了诸如《居家杂仪》《家礼》《郑氏规范》《家规辑略》及家谱中的家训等专谈家规、家仪类的专著或专篇,使我国传统家训的"治家"思想最终得以完善。另外,家训形式更加多样,家训专著大量涌现,蔚为壮观。专著产生了多种新体式,如家训集、家规、家仪、家书集、家训诗集等,且各种书写形式也更加系统专业。其中,以专著形式出现的家训有叶梦得的《石林家训》、陆游的《放翁家训》、范仲淹的《家训》、司马光的《家范》、袁采的《袁氏世范》、赵鼎的《家训笔录》、刘清之的《戒子通录》等;以书、信、铭、文、帖、诗歌的形式出现的家训有苏洵的《安乐铭》、胡安国的《与子寅书》、朱熹的《与长子受之》、陈定宇的《陈定宇示子帖》、方孝孺的《幼仪杂箴》等。此外，这个时期的家训作者中，出现了一种世代相袭，父子、子孙相继的家训创作局面，如宋代的范仲淹、范纯仁父子，元代的郑太和及其子嗣，明代袁黄一族，清代张英、张廷玉父子等，都有出色的家训传世。

宋元明清时期的家训在内容上还有区别于前代的一个突出特征，便是从劝勉为主的家训形式开始向惩戒方向发展。其中比较早的应该是范仲淹的《义庄规矩》、郑太和的《郑氏规范》、曹端的《家规辑略》，他们开始将"家法""族规"一类惩戒性的条例注入其中，使我国的传统家训自宋代以后逐渐走出了个人垄断时代，即由贵族家训时代转向了平民家训时代。因为，这类家训作品大多保存在当时家族的谍谱之中，而自宋代之后家族修订家谱的宗旨又发生了变化，家谱的形式变得更加丰富。在一部牒谱之中，除了记载有全家族的血缘关系图表、祠堂、族田、祖茔以及与家族历史相关的描述外，还有"全文刊载本族有史以来制订的各种家法族规、家训家范、祖宗训诫子孙的言论等"的文章，而将此类家规族训载入家谱的用意是便于读谱时向子孙宣讲，要求族人永远恪守，并使族长能依据此类家法来惩罚不服统治的族众。这样，随着家族的繁衍，大量的族规、训诫类的文字便流传下来，成了我国古代家训文献中庞大的一部分。据相关统计，中国现存家谱族谱，光是中国内地就有28500余种，加上中国台湾、中国香港等，共约42990种。当然，宋元之后家训因为搭乘了家谱这一载体，使家训这一超越个体的"贵族专用"文体"走入了寻常百姓家"，但数量的庞大并不代表质量的提升，在这类家训之中，训诫文字虽各族不同、名各有异，但其内容却基本千篇一律，一般都是讲诸如重纲常、祭先祖、孝父母、友兄弟、敬长上、睦邻里、严家法、节财用、戒恶癖、尚美德等事项的，其区别仅在于条款不齐、详略有差而已。这基本是在模仿，甚至抄袭。在上述提到的若干作品中也有类似的情况。所以说，宋元明清时期的家训作品在普及性之外，真正的上乘作品还是主要产生于士大夫阶层的精英人群之中。

另外在宋元明清时期，家训的体例中还出现了一种叫"俗训"和"乡约"的形式，它们所面向的对象不再是自己家庭或家族中的子弟，而是转向了整个社会。例如流传甚广的《袁氏世范》这部家训专著，貌似是一部体例标准的家庭训诫，但实际情况是，这部书是作者袁采在担任乐清县令时为"厚人伦而美习俗"而专门撰定的，书原题名为"俗训"。此外，在清人陈宏谋编著的《五种遗规》中，将《司马温公居家杂仪》《倪文节公经锄堂杂志》《朱柏庐劝言》等家训名篇合编在了《训俗遗规》中，这说明在陈宏谋的心中这些家训本身也具有训俗的功用。除《袁氏世范》外，其他比较著名的俗训类家训文献还有吕祖谦的《少仪外传》、吕本中的《童蒙训》、王结的《善俗要义》、吕得胜的《小儿语》、吕坤的《续小儿语》等。

此外，宋元以后统治阶层普世观增强，家训内容由最初只对皇家子弟的教诫，转变为在其中注入化导天下思想的内容。如宋太宗的《戒皇属》、清世宗的《庭训格言》等帝训之作外，还有明仁孝文皇后撰写的《内训》。另外，这一时期统治阶层更加注重家训作品的流传与宣化作用。如清初的孝庄皇后就曾命大学士傅以渐撰写女训之作《内则衍义》，清世宗曾命陈梦雷等编著了大型类书《古今图书集成》，其中的《家范典》和《闺媛典》就是专门性的家训类图书的集合，这种现象是宋以前所没有的。

到了清末，传延了几千年的家训形式，在西方文明与列强的坚船利炮的轰击下，也发生了变化。这时期的代表是晚清的一些洋务派，如林则徐、曾国藩、张之洞等人。他们将一些新的思想与灵活多变的生活态度融入其中，对子孙或是劝诫，或是勉励，但他们依旧坚守着儒家的伦理纲常与济世修身之道。

二

绵延了几千年的中国家训史，实际上就是一部华夏先人塑造中华民族理想人格的创造史。我们在浩如烟海的训诫、劝勉、箴规、铭文、书信、法约中，发现中华民族的理想人格实际早已悄然存于其中，只不过是以一种支离破碎的、若隐若现的方式存在。其内在的思想内容大致可分为以下几点：

孝养双亲。中华民族是一个讲究孝道的民族,"孝"之一字,几乎贯穿在每一篇家训之中。"且夫孝,始于事亲,中于事君,终于立身。"(司马谈《命子迁》)"孝敬则宗族安之,仁义则乡党重之。"(王昶《家戒》)由此可见,在古代"修身、齐家、治国、平天下"的人生理想信念之下,其中枢是家与国,而在古代统治阶级来看,无论是家还是国,支撑其发展兴盛的基本信条是"孝",因为不能孝亲而能忠君是不可能的,所以历代统治者都是大肆鼓吹以"孝"治天下,并由此将尽孝抬升至了精神信仰的高度,甚至凌驾于法律之上。

勤俭持家。齐家即治家,而治家的根本,古人认为就是勤劳与俭朴。遍观历代的家训,不论是官宦还是寒门,这四个字始终作为长者对子孙的谆谆教诲。"勤是无价之宝,学是明目神珠。"(佚名《太公家教》)"七诫我儿莫好奢,闲居勤俭度年华。"(黄峭《黄氏峭山公训子诗》)清代官吏、学者许汝霖的《德星堂家订》针对当时的奢靡之风,分别规定了"宴会""衣服""嫁娶""凶丧""安葬""祭祀"几个方面的礼节及标准。司马光认为治家之道应"制财用之节,量入以为出……裁省冗费,禁止奢华"(《居家杂仪》)。勤与俭,在古人的思想中,与释、道的"福报"观紧密相连,古人认为每个人"生之为人"一生的"福报"是一定的,消费完了就消失了,所以平时要以"俭"来惜福,而勤则是创造福报的源泉,只有勤劳才会增加福报,并使之源源不绝。

矜惜名节。重名声，讲节操，倡导良好的家风，这是古代家训的一个鲜明特征。颜之推的《颜氏家训》开篇中述及写作家训的目的时，就谈到他家夙重家风的事，他说"吾家风教，素为整密"。尽管时代不同，门第、家境各异，但其基本内容无外乎要家人清白做人，自立自重，忠君爱国，宽柔慈厚等。罗伦在《戒族人书》中说："谓有好名节，与日月争光，与山岳争高，与霄埌争久，足以安国家，足以风四方，足以奠苍生，足以垂后世。如汴之欧阳修，如南渡之文丞相者是也。"有了一个好的名节，古人认为便可以与日月争光了，足以名垂后世，历代都把欧阳修、文天祥作为榜样楷模，足以见证这一点。

慎重交友。社会就像是一个大染坊，古今都是如此。"近朱者赤，近墨者黑"，所以，"与善人居，如入芝兰之室，久而与之俱化。与不善人居，如入鲍鱼之肆，久而不闻其臭矣"（王结《善俗要义》）。至于慎重交友，朱熹在《与长子受之》中就告诫儿子要交"敦厚忠信，能攻吾过"的"益友"，而不要交"谄谀轻薄，傲慢亵狎，导人为恶"的"损友"。不妄交友，便成了一种积极的保身避祸的手段。

谨言讷行。中国经历了漫长的两千余年的封建时代，君即是法，官即是律；强权政治，豪强府衙，导致了当时社会的普遍黑暗与不平。而在这样的社会背景下，如何能保全自身？这种思维造就了中国古代文化的两条强有力的支脉——道家的无为避世，儒家的无为而为。实际上这些都是一种时代的无奈。而落实到现实当中，对于无权无钱的平民百姓，只有谨言慎行才可能生存下来、保护自己，久之这便成了一种生存的智慧。明仁孝文皇后在《内训》中便这样叮嘱后代："修身莫切于谨言行，故次之以'慎言''谨行'。"一国之母尚且如此，平民百姓就更可想而知了。因而许多家训都一再叮嘱家人、子弟要谦恭谨慎，宽厚待人。张履祥说："子孙以忠信谨慎为先，切戒狷薄。不可顾目前之利而妄他日之害，不可用一时之势而贻数世之忧。"（《杨园先生全集·训子语》）真可谓经验之谈。

清廉自律。在历代的家训中很多都是从政为官者所写，所以在涉及为官之道时，便留下了诸如陶侃母"封鲊教子"之类诫子勿贪的感人故事。赵鼎《家训笔录》认为"凡在士宦，以廉勤为本"。对贪官疾恶如仇的包拯，在家训中甚至说"后世子孙仕宦，有犯赃滥者，不得放归本家；亡殁之后，不得葬于大茔之中"，并要人将此训刻在石上，以诏后世。

励志勉学。在家训中还有一部分是激励子弟勤奋学习，树立远大的志向，最终成就大器的。诸葛亮的《诫子书》在谈到志与学的辩证关系时说："非学无以广才，非志无以成学。"王守仁更是把立志当成是"培根"之学来加以重视，他在《立志说》中强调："夫学，莫先于立志。志之不立，犹不种其根而徒事培拥灌溉，劳苦无成矣。"此外还有一些家训的作者以自己的经验教训向子弟传授治学方法，培养他们从小立志勤奋好学。这其中较有名的如颜之推的《颜氏家训》、叶梦得的《石林家训》、曾国藩的家书等。

这七种品格在浩瀚的家训篇章中，只是几条主脉，有关家训传递出来的品格还有许多，像持家中正、奉公无私、勤政爱民、善待乡里、体恤仆役、救危济困、淡泊功利……几千年来，这无数篇父与子、叔与侄、母与子、先祖对后辈的谆谆教诲之言，涉及了为人处事的方方面面，从一条血脉相连的亲情中传递出一种殷殷爱怜之心。久之，这条血脉凝成的训诫之舟终于造就出一个带有浓郁华夏文明标志的文化符号，影响着一代代家族的成长，激励或劝诫着一个个鲜明个体的健康成长。今天我们撷取其中的一部分，只是希望这朵盛开了几千年的华夏文化奇葩更加艳丽芬芳。

三

陈宏谋在《教女遗规序》中说："天下无不可教之人，亦无可以不教之人。"从周至清，正是在无数像陈宏谋这样悲天悯人、兼爱济世的贤儒之士的推动下，才涌现出了无数放眼于子孙与家族的发展，将自己的人生阅历或读书心得凝聚于笔端的家训作品。陈宏谋当年在编著《五种遗规》时，有人不解他为什么将大量的时间投入这件烦琐而枯燥的工作中，而陈宏谋却说：他们不知道，这才是真正值得做、有利于子孙千秋万代的一件有意义的事。在儒家的人生追求中，当命运遭遇"不达"时，往往会做两件事：一件是闭门著书，一件便是开门授徒。翻开宋元明清学案，这样的例子比比皆是。甚至是荣禄在身的王阳明亦将自己的一半精力投入讲学中。"为天地立心，为生民立命，为往圣继绝学，为万世开太平！"宋儒张载的这段话无疑说出了千古儒家学人的一份责任与担当，他们认为人生最大的意义便是承担文化的传承与现实的移风易俗。

翻开一篇篇古代家训，这其中充分彰显着传承与移俗这两个鲜明的主题。我们看到历经千年，家训的著作者们，无论官商还是布衣，他们不厌其烦地叮咛子孙要勤奋读书，因为书中有他们希冀子孙承继的理想人格。明代著名谏臣杨继盛，在行刑前夜写给家人的书信中，没有一丝一毫对自身的顾念与恐惧，而是不住地叮嘱儿子如何做人，做一个怎样的人。希圣希贤，是儒家每一个读书人极力向往的一件事情。他们渴望能以身载道，成为一个完美的道德楷模。在他们眼里，名节操守要高于功名利禄，甚至是生命，正所谓"饿死事小，失节事大"。而移风易俗，是儒家弟子又一份难以推卸的责任。从家训中我们看到，历代读书人一直顽固地捍卫着儒家血统的纯正，他们在思想上排斥佛老、风水、卜筮等，甚至民风习俗也要加以矫正。在言行举止上，他们全力惩息"人欲"，将一切带有私心的行为甚至是心念都剪除得干干净净。对待自己如此，对待子孙也是如此。在家训中我们看到，他们总是不厌其烦地对子孙进行着关于身行的诸多方面的规劝，并苦口婆心地勉励子弟做一个圣贤，以此光耀家族，并使家族在历史的沉淘中尽量延续得更久远。这便是他们的苦心所在。几千年来，当这一篇篇凝结着百千先祖殷殷希望的训诫集结起来后，我们却发现它早已转化成了中华民族的一份文化遗产存留下来。这或许便是古人的初衷，也是我编著这套《中华历代家训集成》的初衷。

石孝义

2017年4月10日于金德园、津门里完成初稿

2019年9月27日于侯庐改毕

目录

郑氏规范／郑太和等 ... 001

付逊之儿手笔／李应升 ... 030

高子家训／高攀龙 ... 033

安得长者言／陈继儒 ... 041

养亲／陈继儒 ... 058

谕子十则／吕维祺 ... 061

温氏母训／温璜 ... 063

教家诀／徐奋鹏 ... 077

家矩（节选）／陈龙正 ... 079

宋氏家要部（节选）／宋诩　084

十六字格言／傅山　108

家诫要言／吴麟征　118

传家十四戒／王夫之　128

宗规（节选）／王士晋　132

朱子治家格言／朱用纯　147

朱柏庐先生劝言／朱用纯　152

家戒／李颙　159

郑氏规范

郑太和 等

导读

如今传世的《郑氏规范》并非郑太和一人所著,其后辈郑钦、郑铉都曾有所增补,孙辈郑涛最终增删刊行,名《郑氏旌义编》,共一百六十八则。据说浦江孝义门郑氏历经宋、元、明三代十五世,同居共食达三百五十年,家族最兴盛的时候,有三千人。

全书就其内容可分为宗祠祭祀、家长职责、子孙准则、妇女戒律等若干部分。值得称道的是,郑氏为子孙制定的行为准则甚得善教之法。主张"为人之道,舍教其何以先?当营义方一区,以教宗族之子弟"。他教诫子弟须"恂恂孝友""闻钟即起"。《郑氏规范》对妇女的管教更为严厉,要求平时须遵儒家的"三从四德",无事不出中门。

《郑氏规范》中治家、教子、修身、处世的家规族训,以及极具特色的教化实践,对中国古代家族制度的巩固发展,对中国封建社会后期的稳定和儒家伦理、文化的世俗化,都产生了深远的影响。

作者简介

郑太和,生卒年不详,元代著名孝义之士,"太和"一作"大和",又名文融,字顺卿,婺州浦江(今属浙江)人。郑氏世有美名,数百年来守诗书礼乐之数,同族而居,不坠流俗,世称"义门郑氏"。太和性格方正,继其兄文嗣主持家事,极为严厉。乡人极为仰慕,人人称善,郑氏被誉为"江南第一家"。太和不信佛道,凡事皆遵朱熹《家礼》。

第一条 立祠堂一所,以奉先世神主,出入必告。正至朔望必参,俗节必荐[1]时物[2]。四时祭祀,其仪式并遵《文公家礼》。然各用仲月望日[3]行事,事毕,更行会拜之礼。

第二条 时祭之外,不得妄祀徼福[4]。凡遇忌辰,孝子当用素衣致祭。不作佛事,象钱寓马[5]亦并绝之。是日不得饮酒、食肉、听乐,夜则出宿于外。

第三条 祠堂所以报本[6],宗子[7]当严洒扫扃[8]钥之事,所有祭器服不许他用。祭器服,如深衣、席褥、盘盏、碗碟、椅桌、盥盆之类。

第四条 祭祀务在孝敬,以尽报本之诚。其或行礼不恭,离席自便,与夫跛倚[9]、欠伸、哕噫[10]、嚏咳,一切失容之事,督过[11]议罚。督过不言,众则罚之。

第五条 拨常稔[12]之田一百五十亩,世远逐增,别蓄其租,专充祭祀之费。其田券印"义门郑氏祭田"六字,字号步亩亦当勒石祠堂之左,俾[13]子孙永远保守。有言质鬻[14]者以不孝论。

第六条　子孙入祠堂者，当正衣冠，即如祖考[15]在上。不得嬉笑、对语、疾步。晨昏皆当致恭而退。

第七条　宗子上奉祖考，下壹宗族。家长[16]当竭力教养，若其不肖，当遵横渠张子[17]之说，择次贤者易之。

第八条　诸处茔冢，岁节及寒食、十月朔，子孙须亲展省[18]，妇人不与。近茔竹树不许剪拜[19]，各处庵宇更当葺治。至于作冢制度，已有《家礼》可法，不必过奢。

第九条　坟茔年远，其有平塌浅露者，宗子当择洁土益之，更立石深刻名氏，勿致湮灭难考。

第十条　四月一日，系初迁之祖遂阳府君[20]降生之朝，宗子当奉神主于有序堂，集家众行一献礼[21]，复击鼓一十五声，令子弟一人朗诵谱图一过，曰明谱会。圆揖而退。

注释

[1] 荐：献，供。

[2] 时物：时令食品。

[3] 仲月望日：仲月，各季第二个月。望日，农历十五。

[4] 徼福：祈福，求福。

[5] 象钱寓马：古时祭奠时所用的纸人纸马、冥钱一类。

[6] 报本："报本反始"的简称，意为受恩思报，不忘本源。

[7] 宗子：家族的嫡长子，《礼记·曲礼下》："支子不祭，祭必告于宗子。"

[8] 扃：自外关闭门户的门闩、门环，亦指门扇。

[9] 跛倚：站立不正，一只脚斜倚。

[10] 哕（yuě）噫：打嗝，叹气。

[11] 督过：祠堂职务，负责监察族人过错。

[12] 稔：熟。

[13] 俾：使。

[14] 质鬻：抵押变卖。鬻，卖。

[15] 祖考：已故的远祖。

[16] 家长：郑氏首领，一般由家族中最高辈分中年龄最大者担任。罗大经《鹤林玉露·卷五》："陆象山家于抚州金溪，累世义居。一人最长者为家长，一家之事听命焉。"

[17] 横渠张子：北宋理学家张载。

[18] 展省：检查，察看。

[19] 剪拜：砍伐。拜，通"掰"，分开。

[20] 遂阳府君：初迁浦江之祖郑淮。

[21] 一献礼：酒礼的仪式。主人或主持者向宾客或族人敬酒称为"献"；宾客或族人回敬称为"酢"；主人或主持人先自饮，再劝大家一起饮，称为"酬"，三者合称为"一献之礼"。古代献酒，以九献礼礼数最高，为国君之礼。

第十一条　朔望，家长率众参谒祠堂毕，出坐堂上，男女分立堂下，击鼓二十四声，令子弟一人唱云："听，听，听，凡为子者必孝其亲，为妻者必敬其夫，为兄者必爱其弟，为弟者必恭其兄。听，听，听，毋徇私以妨大义，毋怠惰以荒厥事，毋纵奢以干天刑，毋用妇言以间和气，毋为横非以扰门庭，毋耽曲糵以乱厥性。有一于此，既殒尔德，复隳尔胤[1]。眷兹祖训，实系废兴。言之再三，尔宜深戒，听，听，听。"众皆一揖，分东西行而坐。复令子弟敬诵孝悌故实一过，会揖而退。

第十二条　每旦，击钟二十四声，家众俱兴。四声咸盥漱，八声入有序堂。家长中坐，男女分坐左右，令未冠子弟朗诵男女训戒之辞。《男训》云："人家盛衰，皆系乎积善与积恶而已。何谓积善？居家则孝悌，处事则仁恕，凡所以济人者皆是也；何谓积恶？恃己之势以自强，克人之财以自富，凡所以欺心者皆是也。是故能爱子孙者遗之以善，不爱子孙者遗之恶。《传》曰：'积善之家必有余庆，积不善之家必有余殃。'天理昭然，各宜深省。"《女训》云："家之和与不和，皆系妇人之贤否。何谓贤？事舅姑以孝顺，奉丈夫以恭敬，待娣姒[2]以温和，接子孙以慈爱，如此之类是也；何谓不贤？淫狎[3]妒忌，恃强凌弱，摇鼓是非，纵意徇私，如此之类是也。天道甚近，福善祸淫，为妇人者不可不畏。"诵毕，男女起，向家长一揖，复分左右行，会揖而退。九声，男会膳于同心堂，女会膳于安贞堂。三时并同。其不至者，家长规之。

第十三条　家长总治一家大小之务，凡事令子弟分掌，然须谨守礼法以制其下，其下有事，亦须咨禀而后行，不得私假，不得私与。

第十四条　家长专以至公无私为本，不得徇偏。如其有失，举家随而谏之。然必起敬起孝，毋妨和气。若其不能任事，次者佐之。

第十五条　为家长者当以诚待下，一言不可妄发，一行不可妄为，庶合古人以身教之之意。临事之际，毋察察而明[4]，毋昧昧而昏[5]，须以量容人，常视一家如一身可也。

第十六条　家中产业文券，既印"义门公堂产业子孙永守"等字，仍书字号。置立《砧基簿》，书告官印押，续置当如此法。家长会众封藏，不可擅开。不论长幼，有敢言质鬻者，以不孝论。

第十七条　子孙倘有私置田业、私积货泉[6]，事迹显然彰著，众得言之家长，家长率众告于祠堂，击鼓声罪而榜于壁。更邀其所与亲朋，告语之。所私即便拘纳公堂。有不服者，告官以不孝论。其有立心无私、积劳于家者，优礼遇之，更于《劝惩簿》上明记其绩，以示于后。

第十八条　子孙赌博无赖及一应违于礼法之事，家长度其不可容，会众罚拜以愧之。但长一年者，受三十拜；又不悛[7]，则会众痛棰[8]之；又不悛，则陈于官而放绝之。仍告于祠堂，于宗图上削其名，三年能改者复之。

第十九条　凡遇凶荒事故，或有阙支，家长预为区划，不使匮乏。

第二十条　朔望二日，家长检点一应大小之务。有不笃行者议罚；诸簿籍过日不结算及失时不具呈者，亦量情议罚。

第二十一条　内外屋宇、大小修造工役，家长常加检点。委人用工，毋致损坏。

第二十二条　每岁掌事子弟交代，先须谒祠堂，书祝致告，次拜家长，然后领事。

第二十三条　设典事[9]二人，以助家长行事。必选刚正公明、材堪治家、为众人之表率者为之，并不论长幼、不限年月。凡一家大小之务，无不预焉。每夜须了诸事，方许就寝。违者，家长议罚。

第二十四条　每夜会聚之际，典事对众商榷，何日可行某事，书之于籍。上半月所书，下半月行之；下半月所书，次上半月行之，庶无迂滞之患。事当即行者弗拘。

第二十五条　择端严公明、可以服众者一人，监视[10]诸事。四十以上方可，然必二年一轮。有善公言之，有不善亦公言之。如或知而不言，与言而非实，众告祠堂，鸣鼓声罪，而易置[11]之。

第二十六条　监视莅事，告祠堂毕，集家众于有序堂，先拜尊长四拜，次受卑幼四拜，然后鸣鼓，细说家规，使肃听之。

第二十七条　监视纠正一家之是非，所以为齐家之则，而家之盛衰系焉，不可顾忌不言。在上者，必当犯颜直谏，谏若不从，悦则复谏；在下者则教以人伦大义，不从则责，又不从则挞[12]。

第二十八条　立《劝惩簿》，令监视掌之，月书功过，以为善善恶恶[13]之戒。有沮[14]之者，以不孝论。

第二十九条　造二牌，一刻"劝"字，一刻"惩"字，下空一截，用纸写贴。何人有功，何人有过，既上《劝惩簿》，更上牌中，挂会揖处，三日方收，以示赏罚。

第三十条　设主记[15]一人，以会货泉谷粟出纳之数。凡谷匦收满，主记封记，不许擅开，违者量轻重议罚。如遇开支，主记不亲视，罚亦如之。钥匙皆主记收，遇开支则渐次付之，支讫，复还主记。

007

注释

[1] 胤：后代，后裔。

[2] 娣姒：妯娌。

[3] 淫狎：淫，放纵。狎，态度不庄重。

[4] 察察而明：语出《旧唐书·文苑传上·张蕴古》："勿浑浑而浊，勿皎皎而清，勿没没而暗，勿察察而明。"后以"察察而明"谓在细枝末节上用心，而自以为明察。

[5] 昧昧而昏：糊涂，不明白。

[6] 货泉：财物。泉，古代钱币的名称。

[7] 悛：悔改。

[8] 箠：鞭打。

[9] 典事：辅助家长处理日常事务的职务。

[10] 监视：郑氏负责监督家族事务的职务。

[11] 易置：改变设置。

[12] 挞：用鞭或棍打人。

[13] 善善恶（wù）恶（è）：奖励为善之事，惩罚为恶之行，指好恶分明。《荀子·强国》："彼先王之道也，一人之本也，善善恶恶之应也，治必由之，古今一也。"

[14] 沮：通"阻"，阻止。

[15] 主记：郑氏掌握财物进出之数的人员。

第三十一条　选老成有知虑[1]者通掌门户之事。输纳赋租，皆禀家长而行。至于山林陂池[2]防范之务，与夫增拓田业之勤，计会财息之任，亦并属之。

第三十二条　立家之道，不可过刚，不可过柔，须适厥中。凡子弟，当随掌门户者轮去州邑练达世故，庶无懵暗不谙事机之患。若年过七十者，当自保绥[3]，不宜轻出。

第三十三条　增拓产业，长上必须与掌门户者详其物与价等，然后行之。或掌门户者他出，必俟其归，方可交易。然又预使子弟亲去看视肥瘠及见在文凭无差，切不可鲁莽，以为子孙之害。

第三十四条　凡置产业，即时书于《受产簿》中，不许过于次日，仍用招人佃种。其或失时不行，家长朔望检点议罚。

第三十五条　增拓产业，彼则出于不得已，吾则欲为子孙悠久之计，当体究果直几缗[4]，尽数还足。不可与驵侩[5]交谋，潜萌侵人利己之心，否则天道好还，纵得之，必失之矣。交券务极分明，不可以物货逋负[6]相准[7]。或有欠者，后当索偿，又不可以秋税[8]暗附他人之籍，使人倍输官府，积祸非轻。

第三十六条　每年之中，命二人掌管新事，所掌收放钱粟之类；又命二人掌管旧事，所掌冠婚丧祭及饮食之类。然皆以六月而代，务使劳逸适均。

第三十七条　新旧管轮当，须视为切记之事。计会经理，自二十五岁至六十岁止。过此血气既衰，当优遇之，毋任以事。

第三十八条　新旧管皆置《日簿》，每日计其所入几何，所出几何，总结于后，十日一呈监视。果无私滥，则监视书其下，曰："体验无私"。

009

后若显露，先责监视，次及新旧管。

第三十九条　新管置一《总租簿》，明写一年逐色谷若干石，总计若干石，又新置田若干石。此是一定之额，却于当年十二月望日，以所收者与前谷总较之，便知实欠多少，以凭催索。后索到者，别书于《畸零簿》，至交代时，却入《总租簿》内通算。

第四十条　新管所收谷麦，每匣收讫，即结总数报于主记。置《租赋簿》，令其亲书"某号匣系某人于某年月日收何等谷麦若干石"。量出之时，亦须置簿，书写"某匣春磨自某日支起至某日用毕"，以凭稽考。

第四十一条　新管所管谷麦，必当十分用心，及时收晒，免致蒸烂；收支明白，不至亏折；关防勤谨，不至透[9]失，赏则及之，若有前弊，罚本年衣资绵线不给。如遇称收繁冗，则拨子弟分收之。

第四十二条　佃人用钱货折租者，新管当逐项收贮，别附于簿，每日纳诸家长。至交代时通结大数，书于《总租簿》，云"收到佃家钱货若干，总记租谷若干"。如以禽畜之类准折者，则付与旧管，支钱入账，不可与杂色钱[10]同收。

第四十三条　田地有荒芜者，新管逐年招佃。或遇坍江冲决，亦即书簿，以俟开垦。开垦既毕，复入原簿，免致失于照管。

第四十四条　田租既有定额，子孙不得别增数目。所有逋租亦不可起息，以重困里党之人。但务及时勤索，以免亏折。

第四十五条　佃家劳苦不可备陈，试与会计之，所获何尝补其所费。新管当矜怜痛悯，不可纵意过求，设使尔欲既遂，他人谓何。否则贻怒造物[11]，家道弗延。除正租外，所有佃麦、佃鸡之类，断不可取。

注释

[1] 知虑：智慧谋略。知，通"智"。

[2] 陂（bēi）池：大池塘。

[3] 保绥：保持安好。

[4] 缗：成串的铜钱。

[5] 驵侩：经纪人。

[6] 逋负：拖欠。这里指拖欠赋税。

[7] 准：抵消。

[8] 秋税：粮税，因为在秋收后以粮食交纳，故称"秋税"。

[9] 透：暗地里。

[10] 杂色钱：正税之外的附加税。

[11] 造物：创造万物的神力。

第四十六条　邻族分岁[1]之饮，旧管于冬至后排日为之。

第四十七条　男女六十者，礼宜异膳。旧管尽心奉养，务在合宜。违者罚之。

第四十八条　新管簿书不分明者，不许交代。一应催督钱谷，须是先时逐项详注已未收索之数，于交代日分明条说，并承帐人交付。虽累更新管，要如出于一手，庶不使人欺隐。旧管簿书不分明者，亦不许交代。

第四十九条　所用监视及新旧管，其有才干优长、不可遽代者，听众人举留。

第五十条　设羞服长[2]一人，专掌男女衣资事。宜先措置，夏衣之给，须在四月；冬衣之给，须在九月。不得临时猝办，如或过时不给，家长罚之。初生男女，周岁则给。

第五十一条　男子衣资，一年一给；十岁以上者半其给，给以布；十六岁以上者全其给，兼以帛；四十岁以上者优其给，给以帛。仍皆给裁制之费。若年至二十者，当给礼衣一袭。巾履则一年一更。

第五十二条　妇人衣资，照依前数，两年一给之。女子及笄者，给银首饰一副。

第五十三条　每岁羞服长除给男女衣资外，更于四时祭后一日，俵散[3]诸妇履材及油泽、脂粉、针花之属。

第五十四条　各房染段[4]，羞服长斟酌为之，仍置簿书之，毋使多寡不均。

第五十五条　子孙须令饱暖，方能保全义气。当令廉谨有为者以掌羞服之事，务要合宜，而无不足之叹。

第五十六条　设掌膳二人，以供家众膳食之事。务要及时烹爨，不许干预旧管杂役，亦须一年一轮。

第五十七条　择廉谨子弟二人，收掌钱货。所出所入，皆明白附簿。或有折陷[5]者，勒其本房衣资首饰补还公堂。

第五十八条　择廉干子弟二人，以掌营运之事。岁终会算，统计其数，呈于家长。监视严加关防[6]，察其私滥。

第五十九条　子孙以理财为务者，若沉迷酒色、妄肆费用以致亏陷，家长覆实罪之，与私置私积者同。

第六十条　委人启肆，皆公堂给本与之，一年一度，新管为之结算，其子钱[7]纳诸公堂。

注释

[1] 分岁：除夕。

[2] 羞服长：掌管饮食衣资的职务。羞，同"馐"，精美的饮食。

[3] 俵散：按份散发。

[4] 段：布匹，绸缎。

[5] 折陷：亏损漏账。

[6] 关防：防止泄漏的措施。

[7] 子钱：利钱。

第六十一条　畜牧树艺[1]，当令一人专掌之。须置簿书写数目，以凭稽考。然须常加点检，务要增益。如或失时不办，本人本年衣资不给。

第六十二条　设知宾二人，接奉谈论、提督[2]茶汤、点视[3]床帐被褥，务要合宜。

第六十三条　亲宾往来，掌宾客者禀于家长，当以诚意延款[4]，务合其宜。虽至亲，亦宜宿于外馆[5]。

第六十四条　亲朋会聚若至十人，旧管不许于夜中设宴。时有小酌，亦不许至一更，昼则不拘。

第六十五条　亲姻馈送，一年一度，非常吊庆则不拘。此切不可过奢，又不可视贫而加薄，视富而加厚。

第六十六条　子弟未冠者，学业未成，不听食肉，古有是法。非惟有资于勤苦，抑欲其识齑盐[6]之味。

第六十七条　子弟未冠者不许以字行，不许以第称，庶几合于古人责成之意。

第六十八条　子弟年十六以上，许行冠礼，须能暗记四书五经正文，讲说大义方可行之。否则，直至二十一岁。弟若先能，则先冠，以愧之。

第六十九条　子弟当冠，须延[7]有德之宾，庶可责以成人之道。其仪式尽遵《文公家礼》。

第七十条　子弟已冠而习学者，每月十日一轮，挑背已记之书及谱图、家范之类。初次不通，去巾一日；再次不通，则倍之；三次不通，则分斛[8]如未冠时，通则复之。

第七十一条　女子年及笄，母为选宾行礼，制辞[9]字[10]之。

第七十二条　婚姻乃人道之本，亲迎、醮啐、奠雁、授绥[11]之礼，人多违之。今一去时俗之习，其仪式并遵《文公家礼》。

第七十三条　婚嫁必须择温良有家法者，不可慕富贵以亏择配之义。其豪强、逆乱、世有恶疾者，毋得与议。

第七十四条　立嘉礼庄一所，拨田一千五百亩，世远逐增，别储其租，令廉干子弟掌之，专充婚嫁诸费。男女各以谷一百五十石为则。

第七十五条　娶媳须以嗣亲[12]为重，不得享宾，不得用乐，违者罚之。入门四日，婿妇同往妇家，行谒见之礼。

注释

[1] 树艺：种植。

[2] 提督：提醒督促。

[3] 点视：点清监视。

[4] 延款：款待。

[5] 外馆：招待宾客居住的房屋。

[6] 齑（jī）盐：借指贫穷，"齑盐布帛"喻田舍之家的清苦生计。齑，指姜、蒜碎末。

[7] 延：聘请。

[8] 纷：束发成髻。

[9] 制辞：按照某种格式写成的文辞。

[10] 字：女子婚嫁。

[11] 亲迎：古代婚礼"六礼"之一。夫婿亲自到女家迎新娘到家。醮啐：婚礼时简单的饮酒仪节，尊者对卑者酌酒，卑者接敬酒后饮尽，不须回敬。奠雁：古代婚礼，新郎到女家迎亲，用雁作见面礼，后泛指迎亲时献上赞礼。授绥：把绳子交给登车的人，指女家将新娘和女婿送上婚车。绥，马车上用于登车时拉手的绳子。

[12] 嗣亲：繁衍子嗣。

第七十六条　娶妇三日，妇则见于祠堂，男则拜于中堂，行受家规之礼。先拜四拜，家长以家规授之，嘱其谨守勿失；复四拜而去。

又以房匾授之，使其揭于房闼[1]之外，以为出入观省，会茶[2]而退。

第七十七条　子孙当娶时，须用同身寸制深衣[3]一袭，巾履各一事，仍令自藏，以备行礼之用。

第七十八条　子孙有妻子者，不得更置侧室[4]，以乱上下之分，违者责之。若年四十无子者，许置一人，不得与公堂坐。

第七十九条　女子议亲，须谋于众，其或父母于幼年妄自许人者，公堂不与妆奁[5]。

第八十条　女适人[6]者，若有外孙弥月[7]之礼，惟首生者与之，余并不许，但令人以食味慰问之。

第八十一条　甥婿初归，除公堂依礼与之，不得别有私与，诸亲并同。

第八十二条　姻家初见，当以币帛为贽[8]，不用银罪[9]。他有馈者，此亦不受。

第八十三条　丧礼久废，多惑于释老之说，今皆绝之。其仪式遵《文公家礼》。

第八十四条　子孙临丧，当务尽礼，不得惑于阴阳非礼拘忌，以乖大义。

第八十五条　丧事不得用乐。服[10]未阕[11]者不得饮酒食肉，违者不孝。

第八十六条　子孙器识可以出仕者，颇资勉之。既仕，须奉公勤政，毋踏贪黩[12]，以忝家法。任满交代，不可过于留恋；亦不宜恃贵自尊，以骄宗族。仍用一遵家范，违者以不孝论。

第八十七条　子孙倘有出仕者，当夙[13]夜切切[14]以报国为务。

怵恤下民，实如慈母之保赤子；有申理者，哀矜恳恻，务得其情，毋行苛虐。又不可一毫妄取于民。若在任衣食不能给者，公堂资而勉之；其或廪禄有余，亦当纳之公堂，不可私于妻孥[15]，竞为华丽之饰，以起不平之心。违者天实临之。

第八十八条　子孙出仕，有以赃墨闻者，生则于《谱图》上削去其名，死则不许入祠堂。如果被诬指者则不拘此。

第八十九条　宗人实共一气所生，彼病则吾病，彼辱则吾辱，理势然也。子孙当委曲[16]庇覆，勿使失所，切不可恃势凌轹[17]以忝厥其祖。更于缺食之际，揆[18]其贫者，月给谷六斗，直至秋成住给。其不能婚嫁者，助之。

第九十条　为人之道，舍教其何以先？当营义方[19]一区，以教宗族之子弟，免其束脩。

注释

[1] 阃：门。

[2] 会茶：会聚饮茶。

[3] 深衣：古代平时闲居所穿衣服，上衣和下裳相连。

[4] 侧室：小妾。

[5] 妆奁：嫁妆。

[6] 适人：出嫁。

[7] 弥月：初生婴儿满月。

[8] 贽：初次见长辈时所送的礼物。

[9] 银斝（jiǎ）：借指酒席。斝，古代装酒的器具，圆口三足。

[10] 服：服丧，长辈或平辈亲属去世后，在三年或一定时期内戴孝。

[11] 阕：终了，结束。

[12] 贪黩：贪污受贿。

[13] 蚤：同"早"。

[14] 切切：务必。

[15] 孥：儿女。

[16] 委曲：殷勤周到。

[17] 凌轹（lì）：欺辱，压迫。轹，被车轮辗碎，这里指欺压。

[18] 揆：揣度。

[19] 义方：行事应当遵守的道理和规范，这里指家庭教育。

第九十一条　宗族无所归者，量拨房屋以居之。更劝勿用火葬，无地者听埋义冢之中。

第九十二条　立义冢一所。乡邻死亡委无子孙者，与给槥椟[1]埋之；其鳏寡孤独果无自存者，时赒[2]给之。

第九十三条　宗人无子，实坠[3]厥祀，当择亲近者为继立之，更少资之。

第九十四条　宗人若寒，深当悯恻。其果无衾与絮者，子孙当量力而资助之。

第九十五条　祖父所建义祠，奉宗族之无后者。立春祭先祖毕，当令子孙设馔祭之，更为修理，毋致隳坏。

第九十六条　立春当行会族之礼[4]，不问亲疏，户延一人，食品以三进[5]为节。

第九十七条　里党或有缺食，裁量出谷借之，后催元谷归还，勿收其息。其产子之家，给助粥谷二斗五升。

第九十八条　展药市一区，收贮药材。邻族疾病，其症彰彰可验，如疟痢痈疖[6]之类，施药与之。更须诊察寒热虚实，不可慢易。此外不可妄与，恐致误人。

第九十九条　桥圮路淖[7]，子孙倘有余资，当助修治，以便行客。或遇隆暑，当于通衢设汤茗一处，以济渴者，自六月朔至八月朔止。

第一百条　里党之痒痌[8]疾痛，吾子孙当深念之。彼不自给，况望其馈遗我乎？但有一毫相赠，亦不可受，违者必受天殃。

第一百零一条　拯救宗族里党一应等务，令监视置《推仁簿》逐项书之，岁终于家长前会算。其或沽名失实及执吝不肯支者，天必绝之。此吾拳拳真切之言，不可不谨，不可不慎。

第一百零二条　子孙须恂恂[9]孝友，实有义家气象。见兄长，坐必起立，行必以序，应对必以名，毋以尔我，诸妇并同。

第一百零三条　子孙之于尊长，咸以正称，不许假名易姓。

第一百零四条　兄弟相呼，各以其字冠于兄弟之上；伯叔之命侄亦然，侄子称伯叔，则以行称，继之以父；夫妻亦当以字行，诸妇娣姒相呼并同。

第一百零五条　子侄虽年至六十者，亦不许与伯叔连坐，违者家长罚之，会膳不拘。

注释

[1] 椟（huì）椟：小棺材。

[2] 赒：接济。

[3] 坠：断绝。

[4] 会族之礼：合族祭祀祖先的仪式。

[5] 三进：敬三次酒。

[6] 疟痈痛疥：疟，疟疾。痈，痈疾。痛，皮肤和皮下组织化脓性炎症。疥，皮肤病。

[7] 圮：倒塌。淖：烂泥。

[8] 痒疴：泛指疾病。痒，疥疮。疴，口疮。

[9] 恂恂：恭敬。

第一百零六条　卑幼不得抵抗尊长，一日之长皆是。其有出言不逊、制行悖戾[1]者，姑诲之。诲之不悛者，则重棰之。

第一百零七条　子孙受长上诃责，不论是非，但当俯首默受，毋得分理。

第一百零八条　子孙固当竭力以奉尊长，为尊长者亦不可挟此自尊。攘拳奋袂，忿言秽语，使人无所容身，甚非教养之道。若其有过，反复喻戒之；甚不得已者，会众棰之，以示耻辱。

第一百零九条　子孙黎明闻钟即起。监视置《夙兴簿》，令各人亲书其名，然后就所业。或有托故不书者，议罚。

第一百一十条　子孙饮食，幼者必后于长者。言语亦必有序伦，应对宾客，不得杂以俚谷方言。

第一百一十一条　子孙不得谑浪[2]败度、免巾徒跣[3]。凡诸举动，不宜掉臂跳足以陷轻儇[4]。见宾客亦当肃行祗揖[5]，不可参差错乱。

第一百一十二条　子孙不得目观非礼之书，其涉戏谑淫亵之语者，即焚毁之，妖幻符咒之属并同。

第一百一十三条　子孙不得从事交结，以保助闾里为名而恣行己意，遂致轻冒刑宪，隳圮家业。故吾再三言之，切宜刻骨。

第一百一十四条　子孙毋习吏胥[6]，毋为僧道，毋狎屠竖[7]，以坏乱心术。当时以"仁义"二字铭心镂骨，庶或有成。

第一百一十五条　广储书籍，以惠子孙，不许假人，以至散逸。仍识卷首云："义门书籍，子孙是教；鬻及借人，兹为不孝。"

第一百一十六条　延迎礼法之士，庶几有所观感，有所兴起。其于问学，资益非小。若呓词[8]幻学之流，当稍款[9]之，复逊辞[10]以谢绝之。

第一百一十七条　小儿五岁者，每朔望参祠讲书，及忌日奉祭，可令学礼。入小学者当预四时祭祀。每日早膳后，亦随众到书斋祗揖。须值祠堂者及斋长举明[11]，否则罚之；其母不督，亦罚之。

第一百一十八条　子孙自八岁入小学，十二岁出就外傅[12]，十六岁入大学[13]，聘致明师训饬[14]。必以孝悌忠信为主，期抵[15]于道。若年至二十一岁，其业无所就者，令习治家理财。向学有进者弗拘。

第一百一十九条　子孙年十二，于正月朔则出就外傅。见灯不许

021

入中门[16]，入者棰之。

第一百二十条　子孙为学，须以孝义切切为务。若一向偏滞[17]词章，深[18]所不取。此实守家第一事，不可不慎。

注释

[1] 悖戾：违背常理，行动暴戾。

[2] 谑浪：爱开玩笑，行为放荡。

[3] 免巾徒跣：去掉头巾，光着两脚。

[4] 轻儇（xuān）：轻佻，不庄重。

[5] 祗揖：恭敬行礼。

[6] 吏胥：官府中的下级公务人员。

[7] 屠竖：屠夫，年轻仆人。

[8] 哤（máng）词：杂乱的言语。

[9] 稍款：略微款待。

[10] 逊辞：谦虚文辞。

[11] 举明：提出说明。

[12] 外傅：子弟到一定年龄，出外就学所从之师。

[13] 大学：以教化为主要内容的学业。

[14] 训饬：教导整顿。

[15] 期抵：期望达到。

[16] 中门：住宅的第二进门户，连接前院与后院或者客厅与内室。

[17] 偏滞：偏重停留。

[18] 深：十分。

第一百二十一条　子孙年未二十五者,除棉衣用绢帛外,余皆衣布。除寒冻用蜡履外,其余遇雨皆以麻履。从事三十里内并须徒步。初到亲姻家者不拘。

第一百二十二条　子孙年未三十者,酒不许入唇；壮者虽许少饮,亦不宜沉酗杯酌,喧呶鼓舞,不顾尊长,违者榎之。若奉延宾客,唯务诚悫[1],不必强人以酒。

第一百二十三条　子孙当以和待乡曲[2],宁我容人,毋使人容我。切不可先操忿人之心；若累相凌逼,进退不已者,当理直之。

第一百二十四条　秋成谷价廉平之际,籴[3]五百石,别为储蓄；遇时缺食,依原价粜[4]给乡邻之困乏者。

第一百二十五条　子孙不得惑于邪说,溺于淫祀[5],以邀福于鬼神。

第一百二十六条　子孙不得修造异端[6]祠宇,妆塑土木形象。

第一百二十七条　子孙处事接物,当务诚朴,不可置纤巧之物,务以悦人,以长华丽之习。

第一百二十八条　子孙不得与人眩奇斗胜[7]两不相下。彼以其奢,我以吾俭,吾何害哉!

第一百二十九条　既称义门,进退皆务尽礼。不得引进倡优,讴词献妓,娱宾狎客,上累祖宗之嘉训,下教子孙以不善。甚非小失,违者家长榎之。

023

第一百三十条　家业之成，难如升天，当以俭素是绳是准。唯酒器用银外，子孙不得别造，以败我家。

第一百三十一条　俗乐之设，诲淫长奢，切不可令子孙听，复习肆之，违者家长棰之。

第一百三十二条　棋枰、双陆、词曲、虫鸟之类，皆足以蛊心惑志，废事败家，子孙当一切弃绝之。

第一百三十三条　子孙不得畜养飞鹰猎犬，专事佚游，亦不行恣情取餍[8]以败家事。违者以不孝论。

第一百三十四条　吾家既以孝义表门，所习所行，无非积善之事。子孙皆当体此，不得妄肆威福，图胁人财，侵凌人产，以为祖宗积德之累，违者以不孝论。

第一百三十五条　子孙受人贽帛，皆纳之公堂，后与回礼。

第一百三十六条　子孙不得无故设席，以致滥支。唯酒食是议，君子不取。

第一百三十七条　子孙不得私造饮馔，以徇口腹之欲，违者姑诲之；诲之不悛，则责之。产者、病者不拘。

第一百三十八条　凡遇生朝[9]，父母舅姑存者，酒果三行；亡者则致恭祠堂，终日追慕。

第一百三十九条　寿辰既不设筵，所有袜履，亦不可受，徒蠹[10]女工，无益于事。

第一百四十条　家中燕饷，男女不得互相献酬，庶几有别。若家长、舅姑礼宜馈食者非此。

注释

[1] 悫（què）：诚实。

[2] 乡曲：乡里。

[3] 籴（dí）：买进粮食。

[4] 粜（tiào）：卖出粮食。

[5] 淫祀：不合礼制的祭祀。

[6] 异端：不符合正统。

[7] 眩奇斗胜：炫耀新奇，比赛争胜。眩，通"炫"。

[8] 恣情取餍（yàn）：恣意求取私欲。

[9] 生朝：生日。

[10] 徒蠹：白白浪费。

  第一百四十一条 各房用度杂物，公堂总买而均给之，不可私托邻族，越分竞买[1]鲜巧之物，以起乖争[2]。

  第一百四十二条 家众有疾，当痛念之，延良医以救疗之。

  第一百四十三条 居室既多，守夜当轮用已娶子弟，终夜鸣磬[3]以达旦，仍鸣小磬，周行居室者四次。所过之处，随手启闭门扃，务在谨严，以防偷窃。有故不在家者，次轮当者续之。

  第一百四十四条 防虞之事，除守夜及就外傅者，别设一人，谨察风烛，扫拂灶尘。凡可以救灾之工具，常须增置，若篮油系索之属。更列水缸于房闼之外，冬月用草结盖，以护寒冻。复于空地造屋，安置薪炭。所有辟蚊蒿烬[4]，亦弃绝之。

第一百四十五条　旱暵之时，子弟不得吝惜陂塘之水，以妨灌注。

第一百四十六条　诸妇必须安详恭敬，奉舅姑以孝，事丈夫以礼，待娣姒以和。然无故不出中门，夜行以烛，无烛则止。如其淫狎，即宜屏放[5]。若有妒忌长舌者，姑诲之；诲之不悛，则责之；责之不悛，则出之。

第一百四十七条　诸妇媟言[6]无耻及干预阃外[7]事者，当罚拜以愧之。

第一百四十八条　诸妇初来，何可便责以吾家之礼？限半年，皆要通晓家规大意。或有不教者，罚其夫。初来之妇，一月之外，许用便服。

第一百四十九条　诸妇服饰，毋事华靡，但务雅洁。违则罚之。更不许其饮酒，年过五十者勿拘。

第一百五十条　诸妇之家，贫富不同，所用器物，或有或无。家长量度给之，庶不致缺用。

第一百五十一条　诸妇主馈[8]，十日一轮，年至六十者免之。新娶之妇，与假三月；三月之外，即当主馈。主馈之时，外则告于祠堂，内则会茶以闻于众。托故不至者，罚其夫。膳堂所有锁匙及器皿之类，主馈者次第交之。

第一百五十二条　诸妇工作，当聚一处，机杼纺织，各尽所长，非但别其勤惰，且革[9]其私。

第一百五十三条　主母之尊，欲使家众悦服，不可使侧室为之，以乱尊卑。

第一百五十四条　每岁畜蚕,主母分给蚕种与诸妇,使之在房畜饲。

待成熟时，却就蚕屋上箔[10]，须令子弟直宿，以防风烛。所得之茧，当聚一处抽缫[11]。更预先抄写各房所畜多寡之数，照什一[12]之法赏之。

第一百五十五条　诸妇每岁所治丝棉之类，羞服长同主母称量付诸妇，共成段匹。羞服长复著其铢两[13]于簿，主母则催督而成之。诸妇能自织造者，羞服长先用什一之法赏之，然后给散于众。

第一百五十六条　诸妇每岁公堂于九月俵散木棉，使成布匹。限以次年八月交收，通卖货物，以给一岁衣资之用。公堂不许侵使。或有故意制造不佳及不登数者，则准给本房。甚者住其衣资不给；病者不拘。有能依期而登数者，照什一之法赏之，其事并系羞服长主之。

第一百五十七条　诸妇育子，不得接受邻族鸡子曧[14]胃之类，旧管日周给之。

第一百五十八条　诸妇育子，苟无大故[15]，必亲乳之，不可置乳母，以饥人之子。

第一百五十九条　诸妇之于母家，二亲存者，礼得归宁[16]。无者不许。其有庆吊势不可已者，但令人往。

第一百六十条　诸妇亲姻颇多，除本房至亲与相见外，余并不许。可相见者亦须子弟引导，方入中门，见灯不许。违者会众罚其夫。主母不拘。

第一百六十一条　妇人亲族有为僧道者，不许往来。

第一百六十二条　朔望后一日，令诸生聚揖之时，直说古《列女传》，使诸妇听之。

第一百六十三条　世人生女，往往多致淹没。纵曰女子难嫁，荆钗布裙[17]有何不可？诸妇违者议罚。

第一百六十四条　女子年及八岁者，不许随母到外家。余虽至亲之家，亦不许往，违者重罚其母。

第一百六十五条　少母[18]但可受自己子妇跪拜，其余子弟不过长揖。诸妇亦同。有违之者，监视议罚。死后忌日亦同。

第一百六十六条　男女不共圊溷[19]，不共湢浴[20]，以谨其嫌。春冬则十日一浴，夏秋不拘。

第一百六十七条　男女不亲授受，礼之常也。诸妇不得用刀镊[21]工剃面。

第一百六十八条　庄妇类多无识之人，最能翻斗是非。若非高明，鲜有不遭其聋瞽[22]，切不可纵其来往。岁时展贺，亦不可令入房闼。

注释

[1] 越分竞买：超越标准竞相购买。

[2] 乖争：不正常的争论。

[3] 磬：古代乐器。这里指铜制的圆形器具，其声如磬。

[4] 蒿烬：蒿，驱蚊之植物。烬，余灰。

[5] 屏放：驱逐，除去。

[6] 媟（xiè）言：啰唆，语言轻慢。

[7] 闼外：门槛之外。

[8] 主馈：主持膳食之事的职务。馈，膳食。

[9] 革：革除。

[10] 箔：蚕箔，由禾草编成。

[11] 抽缫：把蚕茧浸在热水中抽。

[12] 什一：十分之一。什，同"十"。

[13] 铢两：古代重量单位。

[14] 彘：猪。

[15] 大故：死亡。

[16] 归宁：回娘家看望父母。

[17] 荆钗布裙：荆枝制作的髻钗，粗布制作的衣裙，指妇女简陋寒素的服饰。

[18] 少母：庶母，父亲的妾。

[19] 圊溷（qīng hùn）：厕所。

[20] 湢（bì）浴：浴室。

[21] 刀镊：刀和镊子，除毛发的工具，用于理发整容。

[22] 聋瞽：耳聋眼瞎。

付逊之儿手笔

李应升

导读

  这篇文章是李应升在狱中写给儿子的家书，生死之际，李应升告诫儿子"宜俭惜福""宜慎守身""宜孝事亲""宜公承家""宜善待庶母庶妹""宜做读书人"六事。作为一个身陷囹圄，即将被绑赴法场的死囚，能在生命旦夕之际不计个人生命安危，而以一位严父的身份，谆谆告诫儿子应以儒家正统的言行来安身立命，可谓一位真正的儒士，一个以生命来验证自己信念操守的君子。这也正是后世应当对其仰慕且学习的地方。

作者简介

  李应升（1593—1626），字仲达，号次见。据说，出生时因为母亲"梦日升天"、父亲"梦日光耀室"而取名为应升。明朝南直隶江阴（今属江苏省）人。万历四十四年（1616）进士，官至御史，为东林党人，敢言直谏，多次上疏弹劾权奸魏忠贤。天启六年（1626），魏忠贤假造苏杭织造太监李实《劾周起元疏》中开列李应升的名字而将其逮捕下狱,当年李应升被害于京师诏狱,年仅三十四岁。据载,抓捕李应升之时,常州城聚集数万百姓,为其鸣冤。崇祯初年平反,赠太仆寺卿,谥"忠毅"。有《落落斋遗稿》传世。

吾以直贾祸[1],自分一死以报朝廷,不复与汝相见,故书数言以告汝,汝长成之日,佩为韦弦[2],即吾不死之日也。

汝生于官舍,祖父母拱璧[3]视汝,内外亲戚以贵公子待汝,衣鲜食甘,嗔喜任意,骄养既惯,不肯服布旧之衣,不肯食粗粝[4]之食,若长而弗改,必至穷饿。此宜俭以惜福,一也。汝少所习见,游宦赫奕[5],未见吾童子秀才时低眉下人,及祖父母艰难支持之日也,又未见吾今日囚服逮及狱中幽囚痛楚之状也,汝不尝胆以思,岂复有人心者哉!人不可上,物不可陵。此宜慎以守身,二也。祖父母爱汝,汝狎而忘敬;汝母训汝,汝傲而弗亲,今吾不测,汝代吾为子,可不仰体祖父母之心乎?至于汝母更倚何人,汝若不孝,神明殛[6]之矣。此宜孝以事亲,三也。吾居官爱名节,未尝贪取肥家,今家中所存基业,皆祖父母苦苦积累,且吾此番消费太半。吾向有誓,愿兄弟三分,必不多取一亩一粒,汝视伯如父,视寡婶如母,即有祖父母之命,毫不可多取,以负吾志。此宜公以承家,四也。汝既鲜兄弟,止一庶妹[7],当待以同胞,倘嫁于中等贫家,须与妆田百亩。至妹母奉侍吾有年,当足其衣食,拨与赡田,收租以给之。内外出入,谨其防闲。此桑梓之义,五也。汝资性不钝,吾失于教训,读书已迟,汝念吾辛苦,厉志勤学，倘有上进之日，即先归养；若上进无望，须做一读书秀才，将吾所存诸稿简籍，好好诠次[8]。此文章一脉，六也。吾苦生不得尽养，他日俟祖父母千百岁后，葬我于墓侧，不得远离。哀哉！

注释

[1] 贾祸：招致灾难。

[2] 韦弦：韦，熟牛皮。弦，弓弦。成语有"韦弦之佩"，意为用来警戒自己的有益的规劝。语出《韩非子·观行》："西门豹之性急，故佩韦以缓己；董安于之性缓，故佩弦以自急。"

[3] 拱璧：两手捧起璧玉，比喻很珍视。

[4] 粝：粗粮，糙米。

[5] 赫奕：排场盛大，显赫。

[6] 殛：诛杀。

[7] 庶妹：非嫡母所生之妹。

[8] 诠次：编次。

高子家训

高攀龙

导读

在此篇家训中，高攀龙以浅近的语言向子孙讲述了立身做人的规范，他说："吾人立身天地间，只思量作得一个人，是第一义。余事都没有要紧。……从古聪明睿知、圣贤豪杰，只于此见得透，下手早，所以其人千古、万古不可磨灭。闻此言不信，便是凡愚，所宜猛省。"因此在高攀龙的心中，关于修养，最关键的是要能做一个好人，因为，"作好人，眼前觉得不便宜，总算来是大便宜；作不好人，眼前觉得便宜，总算来是大不便宜"，"爱人者人恒爱之，敬人者人恒敬之。我恶人，人亦恶我；我慢人，人亦慢我。此感应自然之理。切不可结怨于人。结怨于人，譬如服毒，其毒日久必发，但有小大迟速不同耳"。而要做一个好人，就要做到"以孝悌为本，以忠义为主，以廉洁为先，以诚实为要"。此书语言平易而旨趣深远，因此很受后人推崇，清人华希闵则评价说："景逸先生之学，其深入性命处，非深于道者不能窥。《家训》则周致详密，贯精粗，彻下上，易知易从，夫人可喻……但能恪遵守之，则上可以入圣贤之门，而下亦不失为佳子弟矣。"

作者简介

高攀龙(1562—1626),字存之,又字云从,无锡人,世称"景逸先生"。明朝政治家、思想家,东林党领袖,"东林八君子"之一。万历十七年(1589)中进士。后遇父丧归家守孝。万历二十年(1592)被任命为行人司行人。万历二十二年(1594),高攀龙上疏参劾首辅王锡爵,被贬为广东揭阳典史。万历二十三年(1595),高攀龙辞官归家,与顾宪成兄弟复建东林书院,在家讲学二十余年。天启元年(1621),高攀龙重获起用,被任命为光禄寺丞。历任太常少卿、大理寺右少卿、太仆卿、刑部右侍郎、都察院左都御史等职。天启六年(1626),崔呈秀假造浙江税监李实奏本,诬告高攀龙等人贪污,魏忠贤借机搜捕东林党人。同年三月,高攀龙不堪屈辱,投水自尽,时年六十五岁。崇祯元年(1628),朝廷为高攀龙平反,赠太子太保、兵部尚书,谥"忠宪"。著有《高子遗书》等书。

吾人立身天地间,只思量作得一个人,是第一义。余事都没有要紧。作人的道理,不必多言,只看《小学》便是,依此作去,岂有差失?从古聪明睿知、圣贤豪杰,只于此见得透,下手早,所以其人千古、万古不可磨灭。闻此言不信,便是凡愚,所宜猛省。作好人,眼前觉得不便宜,总算来是大便宜;作不好人,眼前觉得便宜,总算来是大不便宜。千古以来,成败昭然[1],如何迷人尚不觉悟?真是可哀!吾为子孙发此真切诚恳之语,不可草草看过。

吾儒学问，主于经世[2]，故圣贤教人莫先穷理[3]。道理不明，有不知不觉堕入小人之归者。可畏，可畏。穷理虽多方，要在读书亲贤。《小学》、《近思录》、《四书》、《五经》、周程张朱语录、《性理》、《纲目》，所当读之书也。知人之要，在其中矣。

取人要知圣人取狂狷[4]之意。狂狷皆与世俗不相入，然可以入道。若憎恶此等人，便不是好消息。所与皆庸俗人，己未有不入于庸俗者，出而用世，便与小人相暱[5]，与君子为仇，最是大利害处，不可轻看，吾见天下人坐此病甚多。以此知圣人是万世法眼[6]。

不可专取人之才，当以忠信为本。自古君子为小人所惑，皆是取其才。小人未有儿才者。

以孝悌为本，以忠义为主，以廉洁为先，以诚实为要。

临事让人一步，自有余地；临财放宽一分，自有余味。

善须是积，今日积，明日积，积小便大。一念之差，一言之差，一事之差，有因而丧身亡家者，岂可不畏也！

爱人者人恒爱之，敬人者人恒敬之。我恶人，人亦恶我；我慢人，人亦慢我。此感应自然之理。切不可结怨于人。结怨于人，譬如服毒，其毒日久必发，但有小大迟速不同耳。人家祖宗受人欺侮，其子孙传说不忘，乘时遘会[7]，终须报之。彼我同然。出尔反尔，岂不可戒也！

言语最要谨慎，交游最要审择[8]。多说一句，不如少说一句；多识一人，不如少识一人。若是贤友，愈多愈好，只恐人才难得，知人实难耳。语云："要作好人，须寻好友；引酵若酸[9]，那得甜酒。"又云："人生丧家亡身，言语占了八分。"皆格言也。

见过所以求福，反己所以免祸。常见己过，常向吉中行矣。自认为是，人不好再开口矣。非是为横逆[10]之来，姑且自认不是。其实人非圣人，岂能尽善。人来加我，多是自取，但肯反求，道理自见。如此则吾心愈细密，临事愈精详，一番经历，一番进益，省了几多气力，长了几多识见。小人所以为小人者，只见别人不是而已。

人家有体面崖岸[11]之说，大害事。家人惹事，直者置之[12]，曲者治之[13]而已。往往为体面立崖岸，曲护其短，力直其事，此乃自伤体面，自毁崖岸也。长小人之志，生不测之变，多由于此。

注释

[1] 昭然：显著、明显的样子。

[2] 经世：治理国事。

[3] 穷理：穷究事物之理。

[4] 狂狷：纵情恣性又洁身自好。

[5] 相暱：相互亲近勾结。

[6] 法眼：内行的眼光。

[7] 遘（gòu）会：遇到机会。

[8] 审择：审察选择。

[9] 引酵若酸：如同酵引子发酸。

[10] 横逆：横祸。

[11] 崖岸：比喻人严肃端庄。

[12] 置之：放在一边。

[13] 治之：惩治。

世间惟财色二者最迷惑人，最败坏人。故自妻妾而外，皆为非己之色。淫人妻女，妻女淫人，夭寿折福，殃留子孙，皆有明验显报。少年当竭力保守，视身如白玉，一失脚即成粉碎；视此事如鸩毒[1]，一入口即立死。须臾坚忍，终身受用。一念之差，万劫[2]莫赎。可畏哉，可畏哉！古人甚祸非分之得[3]，故货悖而入，亦悖而出[4]。吾见世人非分得财，非得财也，得祸也。积财愈多，积祸愈大，往往生出异常，不肖子孙作出无限丑事，资人笑话，层见叠出于耳目之前而不悟。悲夫！吾试静心思之，净眼观之。凡宫室、饮食、衣服、器用受用，得有数[5]朴素些，有何不好；简淡些，有何不好。人心但从欲如流[6]，往而不返耳。转念之间，每日当省不省者甚多，日减一日，岂不潇洒快活？但力持"勤俭"两字，终身不取一毫非分之得，泰然自得，衾影无怍[7]，不胜于秽浊之富百千万倍耶！

人生爵位，自是分定，非可营求，只看得"义命[8]"二字，透落得作个君子。不然，空污秽清净世界，空玷辱清白家门，不如穷檐茅屋，田夫牧子老死而人不闻者，反免得出一番大丑也。

士大夫居间得财之丑，不减于室女逾墙从人之羞。流俗滔滔，恬不为怪[9]者，只是不曾立志要作人。若要作人，自知男女失节，总是一般。

人身顶天立地，为纲常名教之寄，甚贵重也。不自知其贵重，少年比之匪人[10]，为赌博、宿娼之事，清夜睨而自视[11]，成何面目！若以为无伤而不羞，便是人家下流子弟，甘心下流，又复何言？

捉人、打人，最是恶事，最是险事。未必便至于死，但一捉一打，或其人不幸遘病死，或因别事死，便不能脱然无累。保身保家，戒此为要。极不堪者，自有官法，自有公论，何苦自蹈危险耶！况自家人而外，乡党中与我平等，岂可以贵贱、贫富、强弱之故，妄凌辱人乎？家人违犯，必令人扑责[12]，决不可拳打脚踢，暴怒之下有失。戒之，戒之！

古语云世间第一好事，莫如救难怜贫。人若不遭天祸，舍施能费几文？故济人不在大费己财，但以方便存心，残羹剩饭亦可救人之饥，敝衣败絮亦可救人之寒。酒筵省得一二品，馈赠省得一二器，少置衣服一二套，省去长物[13]一二件，切切为贫人算计，存些赢余，以济人急难。去无用，可成大用；积小惠，可成大德。此为善中一大功课也。

少杀生命，最可养心，最可惜福。一般皮肉，一般痛苦，物但不能言耳。不知其刀俎之间，何等苦恼。我却以日用口腹、人事应酬，略不为彼思量，岂复有仁心乎？供客勿多肴品，兼用素菜，切切为生命算计。稍可省者，便省之。省杀一命于吾心有无限安处，积此仁心慈念，自有无限妙处。此又为善中一大功课也。

有一种俗人，如佣书[14]、作中[15]、作媒、唱曲之类，其所知者势力，所谈者声色，所就者酒食而已。与之绸缪，一妨人读书之功，一消人高明之意，一浸淫渐渍[16]引人不善而不自知，所谓便辟侧媚[17]也。为损不小，急宜警觉。

人失学不读书者，但守太祖高皇帝圣谕六言，"孝顺父母，尊敬长上,和睦乡里,教训子孙,各安生理,毋作非为"。时时在心上转一过,口中念一过,胜于诵经,自然生长善根,消沉罪过。在乡里中作个善人,子孙必有兴者。各寻一生理,专心守而勿变,自各有遇。于"毋作非为"内,尤要痛戒嫖、赌、告状。此三者,不读书人尤易犯,破家丧身尤速也。

注释

[1] 鸩毒:用鸩鸟的羽毛浸泡过的酒,传说可以用来杀人。

[2] 万劫:万世。佛教称世界从生成到毁灭的一个过程为一劫。

[3] 古人甚祸非分之得:古人对非分之得担心会招来不测之祸。祸,以……为祸。

[4] 货悖而入,亦悖而出:用违背情理的手段得到的财物,也会不合情理地失去。悖,违背道理,谬误。

[5] 有数:有气数。旧时指命中注定。

[6] 从欲如流:形容迅速地听从欲望的诱引。

[7] 衾影无怍:指行为光明,问心无愧。语出《宋史·蔡元定传》:"贻书训诸子曰:'独行不愧影,独寝不愧衾,勿以吾得罪故遂懈。'"

[8] 义命:正道,天命。

[9] 恬不为怪:指看到不合理的事物,毫不觉得奇怪。恬,安然。语出《汉书·贾谊传》:"至于俗流失,世坏败,因恬而不知怪。"

[10] 匪人:行为不正当的人。

[11] 睨（nì）而自视：斜着眼睛自己端详自己。睨，斜视。

[12] 扑责：拷打责罚。

[13] 长物：多余的东西。

[14] 佣书：替人写文书。

[15] 作中：请人喝酒。

[16] 渐渍：浸润。引申为渍染、感化。

[17] 便（pián）辟：善于逢迎谄媚。侧媚：用不正当的手段讨好别人。

安得长者言

陈继儒

导读

《安得长者言》是陈继儒结合自己的所见所闻与心得体会,而撰写的一部语录体家训。"安得长者言"之语出自《汉书·龚遂传》中的"安得长者之言而称之"。作者以此命名其书,多半是自我谦虚。全书共一百二十则,所言大多是有关立身、处世方面的内容。语言浅显生动,说理深刻,发人深省,正如明人沈德先评价所说:"陈眉公每欲以语言文字,津梁后学,热闹中下一冷语,冷淡中下一热语,人却受其炉锤而不觉。是编尤其传家要领,正如水火菽粟,开门日用之物,具眉目者所并需也。"

作者简介

陈继儒(1558—1639),字仲醇,号眉公,松江府华亭(今属上海)人。明代文学家、书画家。诸生出身,自幼颖异,工于诗文、书画。明万历十五年(1587),陈继儒将儒生衣冠焚烧后,隐居到小昆山之南,绝意科举仕进。后又移居筑室东佘山，杜门著述，工诗善文，研习书画，名重一时。顾宪成在东林书院讲学，招其前去，陈继儒婉言谢绝了。朝廷屡次下诏征用，陈继儒都以疾病推辞。后来，黄道周给崇祯帝上疏时曾提道："志向高雅，博学多通，不如继儒。"崇祯十二年（1639），陈继儒去世，终年八十二岁。著有《陈眉公全集》《小窗幽记》等书。

余少从四方名贤游，有闻辄掌录之[1]。已复死心茅茨[2]之下，霜降水落，时弋一二言拈题[3]纸屏上，语不敢文[4]，庶使异日子孙躬耕之暇，若粗识数行字者，读之了了也。如云安得长者之言而称之，则吾岂敢？华亭陈继儒识。

吾本薄福人，宜行厚德事；吾本薄德人，宜行惜福事。

闻人善则疑之，闻人恶则信之，此满腔杀机也。

静坐然后知平日之气浮，守默然后知平日之言躁；省事[5]然后知平日之费闲[6]，闭户然后知平日之交滥[7]；寡欲然后知平日之病多，近情[8]然后知平日之念刻[9]。

偶与诸友登塔绝顶，谓云："大抵做向上人，决要士君子鼓舞。只如此塔甚高，非与诸君乘兴览眺，必无独登之理。既上四五级，若有倦意，又须赖诸君怂恿，此去绝顶不远。既到绝顶，眼界大，地位高，又须赖诸君提撕警惺[10]，跬步少差，易至倾跌。只此便是做向上一等人榜样也。"

男子有德便是才，女子无才便是德。

士君子尽心利济[11]，使海内人少他不得，则天亦自然少他不得。

即此便是立命。

吴芾[12]云:"与其得罪于百姓,不如得罪于上官。"李衡[13]云:"与其进而负于君,不若退而合于道。"二公,南宋人也,合之可作出处铭。

名利坏人,三尺童子皆知之。但好利之弊,使人不复顾名;而好名之过,又使人不复顾君父。世有妨亲命以洁身、讪朝廷以卖直[14]者。是可忍也,孰不可忍也?

宦情太浓,归时过不得;生趣太浓,死时过不得。甚矣!有味于淡也。

贤人君子,专要扶公论。正《易》之所谓扶阳[15]也。

清苦是佳事。虽然,天下岂有薄于自待而能厚于待人者乎?

一念之善,吉神随之;一念之恶,厉鬼随之。知此,可以役使鬼神。

黄帝云:"行及乘马,不用回顾。"则神去令人回顾,功名富贵而去,其神者岂少哉?

士大夫当有忧国之心,不当有忧国之语。

属官论劾上司,时论以为快。但此端一开,其始则以廉论贪,其究必以贪论贪矣。又其究,必以贪论廉矣。使主上得以贱视大臣,而宪长[16]与郡县和同为政,可畏也。

责备贤者,毕竟非长者言。

做秀才,如处子,要怕人;既入仕,如媳妇,要养人;归林下,如阿婆,要教人。

广志远愿,规造[17]巧异,积伤至尽,尽则早亡。岂惟刀钱田宅?若乃组织文字,以冀不朽,至于镂肺镌肝[18]。其为广远巧异,心滋甚,祸滋速[19]。

大约评论古今人物,不可便轻责人以死。

治国家有二言,曰:"忙时闲做,闲时忙做。"变气质有二言,曰:"生处渐熟,熟处渐生。"

天以兵权授英雄,使之拨乱反治,救困扶危,匪予之以逞血气、立功名之具也。故古之帝王,其大要有六:一曰不嗜杀人,二曰不掠子女玉帛,三曰不烧毁庐舍,四曰不发掘坟墓,五曰不埋没人才,六曰不早建王号。反此者,匪逆则贼。

看中人,看其大处不走作[20];看豪杰,看其小处不渗漏。

火,丽[21]于木、丽于石者也。方其藏于木石之时,取木石而投之水,水不能克火也。一附于物,即童子得而扑灭之矣。故君子贵翕聚[22],而不贵发散。

甗甗子每教人养喜神,止庵子每教人去杀机。是二言,吾之师也。

朝廷以科举取士,使君子不得已而为小人也。若以德行取士,使小人不得已而为君子也。

奢者,不特用度过侈之谓。凡多视,多听,多言,多动,皆是暴殄天物。

鲲鹏六月息,故其飞也,能九万里。仕宦无息机[23],不仆则蹶[24]。故曰:知足不辱,知止不殆[25]。

注释

[1] 有闻辄掌录之:听闻一些东西就立即抄录下来。

[2] 茅茨：指简陋的居室，引申为平民里巷。

[3] 拈题：各人自认或拈阄定题目。此处指选择话题。

[4] 语不敢文：书写的语气不敢太过修饰文采。

[5] 省事：视事，处理政务。

[6] 费闲：忙碌与清闲。费，本义为消耗、消费。

[7] 交滥：不加选择地结交。滥，不加选择，不加节制。

[8] 近情：指切近情理，使人与人之间的感情拉近；密切亲友间的感情。

[9] 念刻：念头的刻薄。

[10] 警悟：警觉醒悟。

[11] 利济：救济，施恩泽。

[12] 吴芾：字明可，号湖山居士，浙江台州府（今浙江省台州市仙居县田市吴桥村）人。绍兴二年（1132）进士，官至秘书正字，因揭露秦桧卖国专权被罢官。后任监察御史。

[13] 李衡：字彦平，江都（今江苏扬州）人。绍兴十五年（1145）进士，授吴江县主簿。后出知婺州，召拜司封郎中，迁枢密院检详文字，除侍御史。致仕后定居昆山，名其室曰乐庵，自号乐庵叟。

[14] 讪朝廷以卖直：故意用讥刺讪笑朝廷来表示公正忠直以获取名声。

[15] 扶阳：本为中医术语，此即扶植正气、坚持真理之意。

[16] 宪长：古代中央监察机关的首长。

[17] 规造：筹划制作，规划建造。

[18] 镂肺镌肝：挖空心思去修饰雕琢文句。

[19] 心滋甚，祸滋速：心被使用得过甚，那么病患也会迅速地来临。

[20] 走作：越规，放逸。引申为出岔子、出纰漏。

[21] 丽：附着。

[22] 翕（xī）聚：会聚。

[23] 息机：停止机械运转。

[24] 不仆则蹶：不是病倒便是丧命。仆，向前跌倒。蹶，枯竭、耗尽。

[25] 不殆：不危险。

人有嘿坐独宿、悠悠忽忽者[1]，非出世人，则有心用世人也。

读书不独变人气质，且能养人精神，盖理义收摄故也。

初夏五阳，用事于乾[2]，为飞龙，草木至此已为长旺。然旺则必极，至极而始收敛，则已晚矣。故康节[3]云："牡丹含蕊为盛，烂熳为衰。"盖月盈日午，有道之士所不处[4]焉。

医书云："居母腹中，母有所惊，则主子长大时发颠痫。"今人出官涉世，往往作风狂态者，毕竟平日带胎疾耳。秀才，正是母胎时也。

士大夫气易动心，易迷专，为"立界墙、全体面"六字断送一生。夫不言堂奥[5]而言界墙，不言腹心[6]而言体面，皆是向外事也。

任事者当置身利害之外，建言者当设身利害之中。此二语，其宰相、台谏[7]之药石乎？

乘舟而遇逆风，见扬帆者不无妒念。彼自处顺，于我何关？我自处逆，于彼何与？究竟思之，都是自生烦恼。天下事大率类此。

用兵者，仁义可以王，治国可以霸，纪律可以战，智谋则胜负共之，恃勇则亡。

出一个丧元气[8]进士，不若出一个积阴德平民。

救荒不患无奇策,只患无真心,真心即奇策也。

凡议论要透,皆是好。尽言也,不独言人之过。

吾不知所谓善,但使人感者即善也;吾不知所谓恶,但使人恨者即恶也。

讲道学者,得其土苴,真可以治天下[9],但不可专立道学门户,使人望而畏焉。严君平[10]卖卜,与子言依于孝,与臣言依于忠,与弟言依于弟。虽终日谭学而无讲学之名。今之士大夫,恐不可不味此意也。

天理,凡人之所生;机械,凡人之所熟。彼以熟而我以生,便是立乎不测也。

青天白日,和风庆云,不特人多喜色,即鸟鹊且有好音。若暴风怒雨,疾雷闪电,鸟亦投林,人亦闭户,乖戾之感,至于此乎!故君子以太和元气为主。

《颐卦》:"慎言语,节饮食。"然口之所入者,其祸小;口之所出者,其罪多。故鬼谷子云:"口可以饮,不可以言。"

吴俗,坐定辄问新闻。此游闲小人入门之渐[11],而是非媒孽交媾之端也。地方无新闻可说,此便是好风俗、好世界。

富贵功名,上者以道德享之,其次以功业当之,又其次以学问识见驾驭之,其下不取辱则取祸。

天下容有曲谨[12]之小人,必无放肆之君子。

人有好为清态而反浊者,有好为富态而反贫者,有好为文态而反俗者,有好为高态而反卑者,有好为淡态而反浓者,有好为古态而反今者,有好为奇态而反平者,吾以为不如混沌为佳。

人定胜天,志一动气,则命与数为无权[13]。

偶谭[14]司马温公《资治通鉴》，且无论公之人品、政事，只此闲工夫，何处得来？所谓君子乐得其道，故老而不为疲也，亦只为精神不在嗜好上分去耳。

捏造歌谣，不惟不当作，亦不当听，徒损心术、长浮风[15]耳。若一听之，则清净心田中，亦下一不净种子矣。

人之嗜名节、嗜文章、嗜游侠，如嗜酒然，易动客气[16]，当以德性消之。

有穿麻服白衣者，道遇吉祥善事，相与牵而避之，勿使相值[17]。其事虽小，其心则厚。

注释

[1] 嘿坐独宿、悠悠忽忽者：意指看似孤独寂寞、浑浑噩噩的人。

[2] 用事：指当令，主事。乾：易学用语。

[3] 康节：邵康节，名雍，字尧夫。康节为谥号。宋朝著名理学家、卜士。北宋真宗大中祥符四年生于范阳（今河北涿州大邵村）。幼年随父邵古迁衡漳，又迁共城（今河南辉县），三十七岁时移居洛阳。中国古代数术的代表人物。《梅花易数》是他发明的占卜术。

[4] 不处：不停留。

[5] 堂奥：厅堂和内室。奥，室的西南隅。

[6] 腹心：肚腹与心脏，此指人的内在思想。

[7] 台谏：唐宋时以专司纠弹的御史为台官，以职掌建言的给事中、谏议大

夫等为谏官。二者虽各有所司，而职责往往相混，故多以"台谏"泛称之。

[8] 元气：本指人的精神、精气。此处指人身上的正气、祥气。

[9] 讲道学者，得其土苴，真可以治天下：真正有道学的人，只需用最微小的学问就可以治理国家。语出《庄子集释·杂篇·让王》："故曰，道之真以治身，其绪余以为国家，其土苴以治天下。"土苴，渣滓，糟粕。比喻微贱的东西，如土芥。

[10] 严君平：又称庄君平，西汉道家学者、思想家。名遵，蜀郡人。好黄老，以卜筮为营生，游历于今郫县、成都、彭州等地。五十岁后归隐、著述、授徒于郫县平乐山，九十一岁去世。著有《老子指归》《易经骨髓》。

[11] 渐：事物的开端。

[12] 曲谨：谨小慎微。

[13] 则命与数为无权：则命运和天数就失去了控制力。

[14] 谭：同"谈"。

[15] 浮风：一种不好的风气。

[16] 客气：一时的意气，偏激的情绪。

[17] 值：相遇。

田鼠化为䴘[1]，雀入大海化为蛤。虫鱼且有变化，而人至老不变，何哉？故善用功者，月异而岁不同，时异而日不同。

好谭闺门及好谈乱者，必为鬼神所怒，非有奇祸，则有奇穷。

有济世才者，自宜韬敛。若声名一出，不幸而为乱臣贼子所劫，或不幸而为权奸佞幸所推，既损名誉，复掣事几[2]。所以《易》之"无咎无誉"、庄生之"才与不才[3]",真明哲之三窟也。

不尽人之情,岂特平居时？即患难时,人求救援,亦当常味此言。

俗语近于市,纤语[4]近于娼,诨语近于优。士君子一涉此,不独损威,亦难迓福[5]。

人之交友,不出"趣味"两字。有以趣胜者,有以味胜者,有趣味俱乏者,有趣味俱全者。然宁饶于味,而无宁饶于趣。

天下惟五伦施而不报。彼以逆加,吾以顺受。有此病,自有此药,不必校量。

罗仲素[6]云：子弑父,臣弑君,只是见君父有不是处耳。若一味见人不是,则兄弟、朋友、妻子,以及于童仆、鸡犬,到处可憎,终日落嗔火坑堑中,如何得出头地？故云：每事自反,真一帖清凉散也。

小人专望人恩,恩过不感；君子不轻受人恩,受则难忘。

好义者往往曰义愤,曰义激,曰义烈,曰义侠。得中则为正气,太过则为客气。正气则事成,客气则事败。故曰：大直若曲。又曰：君子义以为质,礼以行之,逊以出之[7]。

水到渠成,瓜熟蒂落。此八字受用一生。

医以生人,而庸工[8]以之杀人；兵以杀人,而圣贤以之生人。

人之高堂华服,自以为有益于我,然堂愈高,则去头愈远；服愈华,则去身愈外。然则为人乎？为己乎？

神人之言微,圣人之言简,贤人之言明,众人之言多,小人之言妄。

欲见古人气象,须于自己胸中洁净时观之。故云见黄叔度,使人鄙吝尽消[9]；又云见鲁仲连[10]、李太白,使人不敢言名利事。此二者亦须于自家体贴。

泛交则多费，多费则多营，多营则多求，多求则多辱。语不云乎："以约失之者鲜矣。"当三复斯言。

徐主事好衣[11]白布袍，曰："不惟俭朴，且久服无点污，亦可占养。"

《河》《洛》《卦》《范》，皆图也。书则自可钻研，图则必由讨论。古人左图右书，此也。今有书而废图，故有学而无问。书不尽言，言不尽意，其惟图乎？

留七分正经以度生，留三分痴呆以防死。

晦翁[12]云："天地一无所为，只以生万物为事。人念念在利济，便是天地了也。"故曰：宰相日日有可行的善事，乞丐亦日日有可行的善事，只是当面蹉过[13]耳。

夫衣食之源本广，而人每营营苟苟以狭其生；逍遥之路甚长，而人每波波急急以促其死。

士君子不能陶镕[14]人，毕竟学问中火力未透。

人心大同处，莫生异同。大同处即是公论，公论处即是天理，天理处即是元气。若于此处犯手者，老氏所谓勇于敢，则杀也[15]。

孔子曰："斯民也，三代之所以直道而行也[16]。"不说士大夫，独拈"民"之一字，却有味。

注释

[1] 鹙:古书上指鹌鹑类的小鸟。

[2] 复掣事几:又阻碍事情的发展。

[3] 庄生之"才与不才":语出《庄子·人间世》:"散木也。以为舟则沉,以为棺椁则速腐,以为器则速毁,以为门户则液樠,以为柱则蠹。是不材之木也。无所可用,故能若是之寿。"

[4] 纤语:纤弱、娇柔的声音。

[5] 迓(yà)福:纳福。迓,迎接。

[6] 罗仲素:罗从彦,字仲素,号豫章先生,剑州(今属福建南平)人。早年师从吴仪,以穷经为学。政和二年(1112),师从杨时于龟山,学成后筑室山中,倡道东南,往求学者众。1132年以特科授博罗主簿,入罗浮山穷天地万物之理及古今事变之归,前往求学者甚多。1135年卒于任。有《遵尧录》《春秋指归语》等著作遗世,大部收编入《钦定四库全书》。明洪武年间,仲素公与文天祥、朱熹、诸葛亮、颜真卿等同祀孔庙。

[7] 君子义以为质,礼以行之,逊以出之:君子以义为根本,以礼法来实行义,以谦逊的语言来表达。

[8] 庸工:庸医。语出文同《和子平悼马》:"庸工谬药久不效,倒死枥下鬃髟髟。"

[9] 见黄叔度,使人鄙吝尽消:语出《世说新语·德行》:"周子居常云:'吾时月不见黄叔度,则鄙吝之心已复生矣。'"黄叔度,名宪,汝南慎阳(今河南正阳)人。出身贫贱,以德行著称。他本是一个牛医的儿子,然而少年好学,成为饱学之士,满腹经纶,学富五车,名动官府。

[10] 鲁仲连：齐国人，曾客游赵国。他善于阐发奇特宏伟、卓异不凡的谋略，却不肯做官任职，始终保持高风亮节。

[11] 好衣：喜欢穿着。

[12] 晦翁：朱熹。

[13] 蹉过：错失，错过。

[14] 陶镕：陶铸熔炼。比喻培育、造就。

[15] 勇于敢，则杀也：勇于拒绝和否定。语出《老子》第七十三章："勇于敢则杀，勇于不敢则活。"

[16] 斯民也，三代之所以直道而行也：这样的人，就是夏、商、周三代能够沿正道发展的原因。语出《论语·卫灵公》："子曰：'吾之于人也，谁毁谁誉？如有所誉者，其有所试矣。斯民也，三代之所以直道而行也。'"

沓[1]假山，无巧法，只是得其性之重也，故久而不倾。观此，则严重[2]者可以自立。

后辈轻薄前辈者，往往促算[3]。何者？彼既贱，老天岂以贱者赠之？

有一言而伤天地之和，一事而折终身之福者，切须简点。

人生一日，或闻一善言，见一善行，行一善事。此日方不虚生。

王少河云：好色、好斗、好得，禽兽别无所长，只长此三件。所以君子戒之。

静坐以观念头起处，如主人坐堂中，看有甚人来，自然酬答不差。

入鸟不乱行，入兽不乱群，和之至也。人乃同类，而多乖睽[4]，何与？故朱子云：执拗乖戾者，薄命之人也。

得意而喜，失意而怒，便被顺逆差遣，何曾作得主？马牛为人穿着鼻孔，要行则行，要止则止。不知世上一切差遣得我者，皆是穿我鼻孔者也。自朝至暮，自少至老，其不为马牛者几何？哀哉！

世乱时，忠臣义士尚思做好人。幸逢太平，复尔温饱，不思做君子，更何为也？

凡奴仆得罪于人者，不可恕也；得罪于我者，可恕也。

富贵家，宜劝他宽；聪明人，宜劝他厚。

天下惟圣贤收拾精神，其次英雄，其次修炼之士。

醉人胆大，与酒融浃故也。人能与义命融浃，浩然之气自然充塞，何惧之有！

曾见贤人君子而归，乃犹然故吾[5]者，其识趣可知矣。

只说自家是者，其心粗而气浮也。

一人向隅[6]，满堂不乐；一人疾言遽色[7]，怒气噢人[8]，人宁有怡者乎？

士大夫不贪官，不受钱，却无所利济以及人，毕竟非天生圣贤之意。盖洁己好修，德也；济人利物，功也。有德而无功，可乎？

未用兵时，全要虚心用人；既用兵时，全要实心活人。

孔子畏大人，孟子藐大人。畏则不骄，藐则不谄，中道也。

少年时，每思成仙作佛，看来只是识见嫩耳。

薄福者，必刻薄，刻薄则福益薄矣；厚福者，必宽厚，宽厚则福益厚矣。

进善言，受善言，如两来船，则相接耳。

人不易知，然为人而使人易知者，非至人，亦非真豪杰也。黄河之脉，伏地中者万三千里，而莫窥其际。器局短浅，为世所窥，丈夫方自愧不暇，而暇求人知乎？

能受善言，如市人求利，寸积铢累，自成富翁。

扫杀机以迎生气，修庸德以来异人。

金帛多，只是博得垂死时子孙眼泪少。不知其它，知有争而已。金帛少，只是博得垂死时子孙眼泪多，亦不知其它，知有亲而已。

喜时之言多失信，怒时之言多失体。

以举世皆可信者，终君子也；以举世皆可疑者，终小人也。

汉人取吏，曰"廉平不苛[9]，平则能在其中矣"。廉能者，后世不熟经术之论也。

古人重侠肠傲骨。曰肠与骨，非霍霍簸弄口舌[10]、耸作意气而已。郭解、陈遵[11]，议论长依名节。

清福，上帝所吝，而习忙[12]可以销福；清名，上帝所忌，而得谤可以销名。

人不可自恕，亦不可使人恕我。

文中子[13]曰："太熙[14]之后，述史者几乎骂矣。"呜呼！今之奏疏亦然。

用人宜多，择友宜少。

不可无道心，不可泥道貌[15]；不可有世情，不可忽世相。

心逐物曰迷，法从心曰悟。

以太虚为体，以利济为用。斯人也，其天乎！

人心贪，故穷气结而为荒劫；人心嗔，故戾气击而为兵劫；人心痴，故浊气覆而为疫劫。紫阳先生[16]云："我之心正，天地之心亦正；我

055

之心顺，天地之气亦顺。"信非虚语也。

出言须四省，则思为主而言为客，自然言少。

注释

[1] 沓（tà）：众多，重叠。

[2] 严重：谓威严庄重。

[3] 促算：很快地清算。

[4] 乖睽：背离。

[5] 故吾：过去的我。

[6] 向隅：面对着屋子的一个角落。语出刘向《说苑·贵德》："今有满堂饮酒者，有一人独索然向隅而泣，则一堂之人皆不乐矣。"

[7] 疾言遽色：形容对人发怒时说话的神情，言语神色粗暴急躁。遽：仓促，急。

[8] 噀（xùn）人：喷人。

[9] 廉平不苛：清廉公平，不苛刻。

[10] 簸弄口舌：播弄口舌是非。

[11] 郭解：字翁伯，河内轵（今济源东南）人，西汉时期游侠。陈遵：字孟公，杜陵（今西安）人。封嘉威侯。嗜酒，略涉传记，善于文辞，性善书。王莽奇其材，起为河南太守，复为九江及河内都尉。

[12] 习忙：做习忙碌。

[13] 文中子：王通，字仲淹，道号文中子，隋朝河东郡龙门县通化镇（今

山西省万荣，一说山西河津）人，著名教育家、思想家。

[14] 太熙：西晋皇帝晋武帝司马炎的第四个年号，共计五个月。

[15] 泥道貌：固执拘泥于道学者的外表。

[16] 紫阳先生：朱熹。

养亲

陈继儒

导读

本篇文章，陈继儒阐述的论点只有一个，那便是"养亲"，或者说"尽孝"。中国古代历朝历代都将"孝"视为人伦中第一重要者，古有"以孝治天下"之说，没有以"以忠治天下"之说，因为孝即是忠，没有不孝于亲而忠于国的。所以陈继儒在此专论这一个"孝"字，应如何让子弟落到实处。他说："今人不必远法曾参，但去取法三家村老妪养儿，自然事父母不敢在口体上塞责矣。"何有此论？因为，"即如曾子之养曾皙，比之三家村老妪养儿，十分中尚不及一"。所以，"父母之于赤子，无有一件不可志的。人子报父母却只养口体"。接着陈继儒又进一步谈到了当下的"养亲"之敝："古人事亲，唯恐不成圣贤；今人事亲，唯恐不成科第。"随后他又进一步进行了剖析，富贵之家整日以科举登科、经营产业为重，在对待双亲上尚不如"市井负贩，父兄子弟团圆一处"，"即口体之养未全，而养志却无愧者"。

往顾[1]泾阳、泾凡两兄弟，与余同舟至檇李[2]，因论"事亲，若曾子可也"何义？余曰：此句真精神在《大学》"如保赤子，心诚求之[3]"上。又问曰：此又是何义？余曰：大约父母之于赤子，无有一件不可志的。人子报父母却只养口体[4]，此心何安？即如曾子之养曾皙[5]，比之三家村老妪养儿，十分中尚不及一，所以仅称得个"可"字。今人不必远法曾参，但去取法三家村老妪养儿，自然事父母不敢在口体上塞责矣。

嗟乎！古人事亲，唯恐不成圣贤；今人事亲，唯恐不成科第。是可谓养志乎？曰：父以此教之，子以此成之，如何不是养志？但既得科第之后，亲老不能随子，十年、五年常不相见，即锦衣归省，内有妻孥、外有宾客，出入匆匆，其捧觞上寿、开口而笑者，又能有几日？甚则新庄、故宅，父子各居，虽供养不缺，而饮食寒温滋味咸酸之类，谁复为之点检？此无论养志，亦何曾叫得养口体？市井负贩[6]，父兄子弟团圆一处，其饔飧[7]无日不相供，其痛痒无刻不相关，即口体之养未全，而养志却无愧者。且寸薪粒米皆从剜心沥血中来，如此养父母，味虽苦而情则甘。富贵家名曰禄养[8]，而未能必躬、必亲，如此养父母，味虽甘而情则苦。呜呼！为人子者，不唯不能养志，抑且不能养口体，非其忍心如是，所谓终身由之而不知耳！虽然亦却科第二字累他一半，盖父母教之，而父母还以自累也。所以古来圣贤自曾子养志后，独推尹和靖母子为不可及。

注释

[1] 往顾：回首往昔。

[2] 檇（zuì）李：地名，因产檇李而闻名。在古代，檇李是进贡帝王的"贡果"。《春秋》杜预注曰："吴郡嘉兴县西南有檇李城，其地产佳李故名。"

[3] 如保赤子，心诚求之：保护、爱护人民如同保护、爱护婴儿一样，心中诚恳地依此去推行。赤子，刚生下来的孩子。

[4] 口体：口和身体。

[5] 曾皙：曾点，又名曾蒧，字皙，"宗圣"曾参的父亲，孔子的早期弟子之一。

[6] 负贩：小商贩。

[7] 饔飧（yōng sūn）：早饭和晚饭。

[8] 禄养：以官俸养亲。古人认为官俸本为养亲之资。

谕子十则

吕维祺

导读

明末清初,吕氏家族之所以能迅速发展成为一个人才辈出的官僚世家,富有特色的家族教育和管理体系是其中一个极为重要的因素。新安吕氏从八世就开始采用世系字行,依此论辈。新安字行为:忠孝传家国,诗书教子孙。清明贻百世,福泽满千门。伊洛渊源重,宋梁派衍繁。簪缨昭奕代,文献继中原。从这四十个字中,我们可以看到新安吕氏家族代代相传的内在精神。

作者简介

吕维祺(1587—1641),字介儒,河南新安人。万历癸丑年(1613)进士,崇祯时授南京户部右侍郎、兵部尚书。流寇陷河南时,他在周公庙遇贼,贼人按其项使其跪,他延颈就刃而死。

孔子十五志学，所学何事？尔宜思此志、力此学，不可悠悠放过。

立志要学圣人，不可仅以中人止足，亦不可竟以豪杰自命。光阴可惜，时乎时乎不再来。

读书要存心养性，明道理，处为真儒，出为名世[1]，非为取科第之阶梯而已。汝宜知此意。

今人读书便只道做好官，多得钱，是富贵之士，决不可存此念。

时时用敬，常如父兄、师保[2]在前，必慎其独。

凡遇财物饮食，不可存一贪心，异日必为清修之士[3]。

言语饮食，一毫不可苟。

谦光[4]有厚器[5]者，必有大成。

亲贤取友，自得其益。古之圣贤，未有不须友[6]而成者。

注释

[1] 名世：名显于世。《孟子·公孙丑下》："五百年必有王者兴，其间必有名世者。"

[2] 师保：泛指老师。

[3] 清修之士：指操行洁美之人。

[4] 谦光：指谦尊而光。尊者谦虚而显示其美德。

[5] 厚器：纯朴而敦厚的气量。

[6] 不须友：没有不需要朋友的。语出《毛诗序》："《伐木》，燕朋友故旧也。至天子至于庶人，未有不须友以成者。"

温氏母训

温璜

导读

本书是温璜记录他的母亲陆氏教诲子女言论的结集。陆氏早年守寡，尽力教导儿子成人。此书就是陆氏教育子女如何为人处世、如何持家教子的语录，语言质朴，情深意长，其中不乏真知灼见。如陆氏认为教子应以道义为尚，并强调与人交往要善于取长补短。其次，陆氏要求子弟尊敬老人。此外，关于如何对待别人的议论指责，陆氏认为有可辩与不辩之分。她说受谤之事，有必要辩者，有必不可辩者。该书因为温璜临难大节的突出表现而受到后人推崇，陈宏谋称赞说："温母之训，不过日用恒言，而于立身行己之要，型家应物之方，简该切至，字字从阅历中来。故能耐人寻思，发人深省。"

在晚明一代，官吏贪暴，大敌当前，忠义之士固然有之，但更多的是临阵而逃者、辱身叛国者，而温璜以花甲之身、卑职小吏奋起而抗清，城破之后手刃妻女后而自杀殉国，其事迹现今读来，虽说已过几百年，仍觉残忍、血腥，但忠烈之心、报国之义却昭昭相映。

作者简介

温璜（1585—1645），乌程（今浙江吴兴）人。初名以介，字于石，号石公。后改今名，并改字宝忠。大学士温体仁的堂弟。崇祯十六年（1643），温璜才考中进士，任徽州府推官。崇祯十七年（1644），北京失陷，崇祯自缢，转年南京城破，各州县官吏纷纷逃任。清顺治二年（1645），他起兵抗清，城破后，先手刃其妻女，然后自刭而死。乾隆四十一年（1776），清廷赐谥"忠烈"。

呜呼，先节孝永逝矣。遗言在编，敬识其大者，以告后世子孙。癸酉春日，不孝介抆泪述。

节孝曰：男子作家，小事糊涂，大事不糊涂。妇人作家，大处不当算，小处当算。

节孝曰：有力田不偷懒之勤仆，无讨债不侵财之廉仆。

节孝曰：穷秀才谴责下人，至鞭扑[1]而极矣。暂行知警，常用则玩，教儿子亦然。

节孝曰：贫人不肯祭祀，不通庆吊，斯贫而不可返者矣。祭祀绝，是与祖宗不相往来；庆吊绝，是与亲友不相往来。名曰独夫[2]，天人不佑。

节孝曰：凡人家遗失真容者，只宜就子侄相似者仿写，虽不堪肖，神有所凭。扶箕招魂，是儿戏事。

节孝曰：凡无子而寡者，断宜依向嫡侄为是。老病终无他诿[3]，祭祀近有感通。爱女爱婿，决难到底同住。同住，到底免不得一番扰攘官司也。

节孝曰：凡寡妇，虽亲子侄兄弟，只可公堂议事，不得孤召密嘱。

节孝曰：寡居有婢仆者，夜作明灯往来。

节孝曰：少寡不必劝之守，不必强之改，自有直捷相法[4]。只看晏眠早起，恶逸好劳，忙忙地无一刻丢空者，此必守志人也。身勤则念专，贫也不知愁，富也不知乐，便是铁石手段。若有半晌偷闲，老守终无结果。吾有相法要诀，曰："寡妇勤，一字经。"

节孝曰：妇女只许粗识"柴""米""鱼""肉"数百字，多识字，无益而有损也。

节孝曰：贫人弗说大话，妇人弗说汉话[5]，愚人弗说乖话，薄福人弗说满话，职业人弗说闲话。

节孝曰：凡人同堂、同室、同窗、同旅多年者，情谊深长，其中不无败类之人。是非自有公论，在我当存厚道。

节孝曰：世人眼赤赤，只见黄铜白铁，受了斗米串钱，便声声叫大恩德。至如一乡一族，有大宰官当风抵浪的，有博学雄才开人胆智的，有高年先辈道貌诚心，后生小子步其孝弟长厚、终身受用不穷的。这等大济益处，人却埋没不提，才是阴德。

节孝曰：但愿亲戚人人丰足，宁我只贫自守。若使一人富厚，九族饥寒，便是极缺陷处。非大忍辱人，不能周旋其间。

节孝曰：周旋亲友，只看自家力量，随缘搭应。穷亲穷眷，放他便宜一两处，才得消凑免谤。

节孝曰：凡人说他儿子不肖，还要照管伊[6]父体面；说他婆子不好，还要照管伊夫体面。

节孝曰：有一等人，撺贩风闻[7]，拔舌地狱。有一等人，认定风闻，指为左券[8]，布传[9]远近，拔舌地狱。有一等人，直肠直口，自谓不欺，每为造言捏谤者诱作先锋，为害更甚，拔舌地狱。

节孝曰：贫家无门禁[10]，然童女倚帘窥幕，邻儿穿房入闼，各以幼小不禁。此家教不可为训处。

节孝谓介曰：中年丧偶，一不幸也。丧偶事小，正为续弦费处[11]。前边儿女，先将古来许多晚娘恶件[12]，填在胸坎；这边新妇，父母保婢唆教自立马头出来。两边闲杂人占风望气，弄去搬来；外边无干人听得一句两句，只肯信歹，不肯信好，真是清官判断不开，活佛调停不到。不幸之苦，全在于此。然则如之何？只要做家主的一者用心周到，二者立身端正。

节孝曰：人生只消受得一个"巴"字。日巴晚，月巴圆。农夫巴一年，科举巴三年，官长巴六年、九年。父巴子，子巴孙。巴得歇得，便是好汉子。

节孝曰：凡父子姑息，积成嫌隙，毕竟上人要认一半罪过。其胸中横竖道卑幼奈我不得。

节孝曰：富家兄弟，各门别户，最易生嫌。勤邀杯酒，时常见面，此亦远谗间之法。

节孝曰：贫人未能发迹，先求自立。只看几人在坐，偶失物件，必指贫者为盗薮[13]；几人在坐，群然[14]作弄，必指贫者为话柄。人若不能自立，这须光景受也要你受，不受也要你受。

节孝曰：寡妇弗轻受人惠。儿子愚，我欲报而报不成；儿子贤，人望报而报不足。

节孝谓介曰：我生平不受人惠，两手拮据，柴米不缺。其余有也挨过，无也挨过。

节孝谓介曰：我生平不借债结会。此念一起，早夜见人不是。

节孝谓介曰：作家的，将祖宗紧要做不到事，补一两件，做官的，将地方紧要做不到事，干一两件，才是男子结果。高爵多金，还不算是结果。

节孝曰：人言日月相望，所以为望，还是月亮望日，所以圆满不久也。你只看世上有贫人仰望富人的，有小人仰望贵人的，只好暂时照顾，如十五六夜月耳，安得时时偿你缺陷？待到月亮尽情，乌有那时日影再来光顾些须？此天上榜样也。贫贱求人，时时满望，势所必无，可不三思？

节孝曰：儿子是天生的，不是打成的。古云棒头出肖子，不知是铜打就铜器，是铁打就铁器，若把驴头打作马面，有是理否？

节孝曰：远邪佞，是富家教子第一义；远耻辱，是贫家教子第一义。至于科第文章，总是儿郎自家本事。

节孝曰：贵客下交寒素，何必谢绝蔬水往还，大是美事。只贵人减驺从[15]，便是相谅；贫士少干求，便是可久之道也。

节孝曰：朋友通财[16]是常事，只恐无器量的承受不起。所以在彼名为恩，在我当知感。古来鲍子容得管子[17]，却是管子容得鲍子。譬如千寻松树，任他雨露繁滋，挺挺承当得起。

节孝谓介曰：世间轻财好施之子，每到骨肉，反多悭吝[18]，其说有二：他人蒙惠，一丝一粒，连声叫感，至亲视为固然之事，一不堪也；

他人至再至三，便难启口，至亲引为久常之例，二不堪也。但到此处，正如哑子黄连，说苦不得。或兄弟而父母高堂，或叔侄而翁姑尚在，一团情分，砺斧难断。稍有念头防其干涉，杜其借贷，将必牢拴门户，狠作声气，把天生一副恻隐心肠盖藏殆尽，方可坐视不救。如此，便比路人仇敌更进一层。岂可如此？汝深记我言。

节孝曰：富贵之交，意气骤浓者，当防其骤夺。凡骤者不恒，只平平自好。

节孝曰：凡富家子弟交杂者，虽在师位，不可急离其交，急离之，则怨谤顿生。不可显斥[19]其交，显斥之，益固其合。但当正以自持，相机而导。

介告母曰："古人治生为急；一读书，生事啬矣。"母曰："士农工商，各执一业。各人各治所生，读书便是生活。"

节孝曰："侃母高在何处？"介曰："剪发饷人[20]，人所难到。"母曰："非也。吾观陶侃运甓习劳[21]，乃知其母平日教有本也。"

节孝曰："吾族多贫，何也？"介曰："北自葵轩公，生四子，分田一千六百亩。今子孙六传，产费丁繁，安得不贫？"母曰："岂有子孙专靠祖宗过活？天生一人，自料一人衣禄。若肯高低各执一业，大小自成结果。今见各房子弟，长袖大衫，酒食安饱，父母爱之，不敢言劳，虽使先人贻百万赀，坐困必矣。"

节孝谓介曰：世人多被"心肠好"三字坏了。假如你念头要做好儿子，须外面实有一般孝顺行径；你念头要做好秀才，须外面实有一般勤苦行径。心肠是无形无影的，有何凭据？凡说心肠好者，都是规避样子。

节孝曰：中等之人，心肠定是无他。只为气质粗慢，语言鄙悖，外人不肯容恕。当尔时，岂得自恃无他，将心唐突？

节孝谓介曰：世多误认"直"字，如汝读书，只晓读书一路到底，这便是直人。汝自家着实读书，方说他人不肯读书，这便是直言。今人谓直，却是方底骂圆盖耳，毒口快肠，出尔反尔，岂得直哉？

注释

[1] 鞭扑：用鞭子抽打。

[2] 独夫：此指众叛亲离的人。

[3] 诿：推托，把责任推给别人。

[4] 直捷相法：直接干脆的相看之法。

[5] 汉话：男人话。

[6] 伊：他，她。

[7] 撺贩风闻：挑起并传播各种传闻。

[8] 左券：古代契据中分为二，债权人持左半，称"左券"。此处指确凿的证据。

[9] 布传：散布，传扬。

[10] 门禁：指古代出入门的规定。

[11] 费处：费事、麻烦的地方。

[12] 恶件：恶劣的事情。

[13] 盗薮（sǒu）：强盗聚集的地方。

[14] 群然：协和一致，共同。

[15] 驺从：封建时期贵族官僚出门时所带的骑马的侍从。

[16] 通财：指朋友间互通财物。

[17] 鲍子、管子：鲍叔牙、管仲。齐国内乱，管仲和鲍叔牙分道扬镳，各为其主，成了敌对的好友。鲍叔牙拥立公子小白登上君位，小白要抓管仲以解射钩之恨，鲍叔牙对小白建议如想成就大业，管仲不可缺少。后小白采纳鲍叔牙的建议，拜管仲为相，齐国的霸业由此奠基，管鲍之交被称为千古美谈。

[18] 恚咨：愤恨，咨齿。

[19] 显斥：表露出斥责的态度。

[20] 剪发饷人：讲述的是东晋名将陶侃的母亲，剪发招待客人的故事。陶侃的好友范逵前来拜访，家中无粮，于是侃母私下里将自己的头发剪下卖掉，换了酒饭招待客人。

[21] 陶侃运甓习劳：陶侃少年闲暇时，常常是早上把砖从屋子里搬出去，天黑了又搬回来。循环往复，不知疲倦。一些人不解地询问。陶侃说，恐怕悠闲惯了，将来不能干一番大事。后来，人们便用"运甓"表示励志勤力，不畏往复。陶侃，字士行，徙居庐江寻阳，东晋时期名将。早年孤贫，有志操。

节孝谓介曰：贫家儿女，无甚享用，只有早上一揖，高叫深恭，大是恩至。每见汝一勺便走，慌张张有何情味？

节孝谓介曰：读书到二三十岁，定要见些气象。便是着衣吃饭，也算人生一件事。每见汝吃饭忙忙碌碌，若无一丝空地。及至饭毕，却又闲荡，可是有意思人？

节孝谓介曰：治生是要紧事。汝与常儿不同，吾辛苦到此，幸汝成立，万一饥寒切身，外间论汝是何等人？

节孝谓介曰：人有父母妻子，如身有耳目口鼻，都是生而具的，何可不一经理？只为俗物将精神意趣，全副交与家缘[1]，这便唤作家人，不唤读书人。

节孝曰：贫富何常，只要自身上通达得去。是故贫当思通，不在守分；富当思通，不在知足。不缺祭享，不失庆吊，不断书香，此贫则思通之法也。仗义周急，尊师礼贤，此富则思通之法也。

节孝谓介曰：劳如我，不成怯症[2]，世无病怯者；苦如我，不成郁症，世无病郁者。

节孝曰：事有可做不可讲者，如饥寒谋生，受侮吃讼，不得已而应之，一出口便龌龊矣。事亦有可谈不可做者，如辟谷烧丹、剑仙侠客是也。

节孝曰：做人家切弗贪富，只如俗言"从容"二字甚好。富无穷极，且如千万人家浪费浪用，尽有窘迫时节。假若八口之家，能勤能俭，得十口赀粮；六口之家，能勤能俭，得八口赀粮，便有二分余剩。何等宽舒！何等康泰！

节孝曰：前人办得阴茔阳基两事，可当子孙家产一半。

儿时尝与同学拆字，曰："心上加刃，有忍害义，以此名忍可矣，以为忍耐者何居？"母应声曰："舍刃在心，锋未及物，非耐而何？"介顿首曰："圣人不能使人尽去心中之刃，但存制刃之心，其阴消蜂螯于□□□□。"若此妙解，吾母真圣人也。

节孝谓介曰：过失与习气相别，偶一差错，只算过误。至再至三，便成习套，此处极要点察。

节孝谓介曰：凡亲友急难，切不可闭门坐视，然亦不可执性莽做。世间事，不是件件干得，才唤干人[3]。

节孝谓介曰：读书要学古人，须看自家才具与材能，羊质虎皮，妄自期许，识者所耻。

节孝谓介曰：汝与朋友相与，只取其长，勿计其短。如遇刚鲠[4]人，须耐他戾气；遇骏逸人，须耐他罔气[5]；遇朴厚人，须耐他滞气[6]；遇佻达人[7]，须耐他浮气。不徒取益无方，亦是全交之法。

节孝曰：闭门课子，非独前程远大。不见匪人，最是得力。

节孝曰：堂上有白头，子孙之福。

节孝曰：堂上有白头，故旧联络，一也；乡党信服，二也；子孙禀令，僮仆遗规，三也；谈说祖宗故事与郡邑先辈典型，四也；解和少年暴急，五也；照料琐细，六也。

节孝曰：父子主仆，最忌小处烦碎，烦碎相对，面目可憎。

节孝曰：懒记帐籍，亦是一病。奴仆因缘为奸，子孙猜疑成隙，皆由于此。

节孝曰：家庭礼数，贵简而安，不欲烦而勉。富贵一层，繁琐一层；繁琐一分，疏阔[8]一分。

节孝曰：人家子弟作揖，高叫深恭，绝好家法。凡蒙师教初学，须从此起。

节孝曰：凡子弟每事一禀命于所尊，便是孝弟。

节孝曰：吾闻沈侍郎家法，有客至，呼子弟坐侍，不设杯箸。俟酒毕，另与子弟常蔬同饭。此训蒙恭俭之方。

节孝曰：买田讨租，是儒家捷径良方，不费清修，不染市道。

节孝曰：常闻长老言治家之法，计田百亩，当得羡银二三百两，生息帮贴，才好过活。此亦金粟相生法也。

节孝曰：贫儒置田，吊缙失着，欲松买卖，先□□□，不可也；不对圩册，不推过户，不可也；佃主仍□□□，不可也；嵌宦户，不可也；有约缓交，不可也；居间无酬，不可也。

偶有激耻山数亩，减价变卖，介意稍有不堪，孝节笑而言曰："我一样造两只斗，这斗米充与那斗米，定不能如数，世间物理如此。"

节孝谓介曰：曾祖母告诫汝祖、汝父云："人虽穷饿，切不可轻弃祖基。祖基一失，便是落叶不得归根之苦。吾宁日日减餐一顿，以守此尺寸之土也。"出厨尝以手扪锅盖，不使儿女辈灭灶更燃。今各房基地，皆有变卖转移，独吾家无恙，岂容易得到今日？念之，念之！

节孝谓介曰：汝大父[9]赤贫，曾借朱姓者三十金，卖米以糊口。逾年，朱姓者病且笃[10]，朱为两槐公纲纪[11]，不敢以私债使闻主人，旁人私幸以为可负也。时大父正客姑熟[12]，偶得朱信，星夜赶归，不抵家，竟持前欠本利至朱姓处。朱已不能言，大父徐徐出所持银，告之曰："前欠一一具奉，乞看过收明。"朱姓忽蹶起颂言曰："世上有如君忠信人哉？吾可眼闭矣。愿君世世生贤子孙。"言已，气绝。大父遂哭别而归。家人询知其还欠，或骇[13]之。大父曰："吾故骇。所以不到家者，恐为汝辈所惑也。"如此盛德，汝曹可不书绅[14]？

问："世间何者最乐？"节孝曰："不放债、不欠债的人家，不大丰、不大歉的年时，不奢华、不盗贼的地方，此西方极乐国也。免饥寒的贫士，学孝弟的秀才，通文义的商贾，知稼穑的公子，旧面目的宰官，此西方极乐佛也。"

节孝曰：凡人一味好尽，无故得谤；凡人一味不拘，无故得谤。

节孝曰：凡寡妇不禁子弟出入房阁，无故得谤；寡妇盛饰容仪，无故得谤；妇人晏出烧香看戏，无故得谤；严刻仆隶，菲薄乡党，无故得谤。

凡人家处前后、嫡庶、妻妾之间者，不论是非曲直，只有塞耳闭口为高。用气性者，自讨苦吃。

联属下人，莫如减冗员而宽口食。

做人家，高低有一条活路便好。

凡与人田产、钱财交涉者，定要随时讨个决绝。拖延生事。

妇人不谙中馈，不入厨堂，不可以治家。使妇人得以结伴联社，呈身露面，不可以齐家。

受谤之事，有必要辨者，有必不可辨者。如系田产钱财的，迟则难解，此必要辨者也；如系闺阃的，静则自消，此必不可辨者也；如系口舌是非的，久当自明，此不必辨者也。

凡人气盛时，切莫说道："吾性子定要这样的，我今日定要这样的。"蓦直做去，毕竟有搪撞[15]。

世间富贵不如文章，文章不如道德。却不知还有两项压倒在上面的：一者名分，贤子弟决难漫灭亲长，贤有司决难侮傲上台[16]；一者气运，尽有富贵交着衰运，尽有文章遭着厄运，尽有道德逢着末运，圣贤卿相，做不得自主。

问介:"子夏问孝,子曰:'色难。'如何解说?"介跪讲毕。母曰:"依我看来,世间只有两项人是色难:有一项性急人,烈烈轰轰,凡事无不敏捷,只有在父母跟前,一味自张自主的气质,父母其实难当;有一项性慢人,落落拓拓[17],凡事讨尽便宜,只有在父母跟前,一番不痛不痒的面孔,父母便觉难当。"

问介:"'至于犬马皆能有养,不敬,何以别乎?'如何解说?"介跪讲毕。母曰:"这个'敬'字,不要文绉绉说许多道理。但是人子肯把'犬马'二字常在心里省觉,便是恭敬孝顺。你看世上儿子,凡日间任劳任重的,都推与父母去做,明明养父母,直比养马了;凡夜间晏眠早起的,都付与父母去守,明明养父母,直比养犬了。将人比畜,怪其不伦,况把爹娘禽兽看待,此心何忍?禽兽父母,谁肯承认?却不知不觉,日置父母于禽兽中也。一念及此,通身汗下,只消人子将父母、禽兽分别出来,勾恭敬了,勾孝顺了。"

人当大怒大忿之后,睡了一夜,还要思量。

注释

[1] 家缘:此指妻子。

[2] 怯症:俗称虚劳病。

[3] 干人:有才干的人。语出葛洪《抱朴子·行品》:"临凝结而能断,操绳墨而无私者,干人也。"

[4] 刚鲠(gěng):刚强正直。

[5] 闷气:不得意,怅惘之气。

[6] 滞气:不灵活,呆板之气。

[7] 佻(tiāo)达人:轻薄放荡之人。

[8] 疏阔:疏远,不亲密。

[9] 大父:祖父。

[10] 笃:此指病情严重。

[11] 朱为两槐公纲纪:朱姓人是两槐公的仆人。纲纪,仆隶。

[12] 姑熟:一作姑孰。既是地名,亦为城名。现今的当涂县。

[13] 骏:傻,愚蠢。

[14] 书绅:把要牢记的话写在绅带上。后亦称牢记他人的话为书绅。语出《论语·卫灵公》:"子张书诸绅。邢昺疏:'绅,大带也。'"

[15] 搕(kē)撞:碰撞。

[16] 上台:上司,上官。

[17] 落落拓拓:邋遢。

教家诀

徐奋鹏

导读

徐奋鹏的这篇《教家诀》，亦不离儒家的"严于律己、宽以待人"的规范。处于政治黑暗、朝廷昏聩的时代，儒家的操守体现在"达则兼济天下，穷则独善其身"，而在"独善"的功夫上，徐奋鹏时时警策自己"立志要谨，裉身要清"，只有这样才会"无愧于天地神明"。

作者简介

徐奋鹏（约1560—1642），字自溟，别号笔峒先生。临川云山人。明代著名学者、文史学家。徐奋鹏自幼才华过人，博览群书，通晓"六艺"。十八岁时参加县、府考试，皆列榜首。二十几岁时，因父亲谢世，家境贫寒，他便在家乡笔架山下造庐设馆教授生徒。后生学子闻之，背着粮食从千里之外来从教者络绎不绝。徐奋鹏长期居住在故乡笔架山下讲学，并致力于文史研究，勤奋著书。所著史评、史地著作甚多，并流传于海外，尤其是《古今治统》，是一部极具史料价值、可与《资治通鉴》相媲美的史学巨著。

立志要谨,禔[1]身要清。自己事勿推,他人事勿评。骨肉常相敬,族属不敢轻。与物光风[2]而霁[3]月,持家夜寐而夙兴。谤我者宜闻言内省,诲我者宜曲意[4]求亲。当应承处须努力,有便宜处须让人。读书常勿辍,恐识日浅而隘吾胸;居利常知足,恐机日深而滑吾情。理稍不谐,吾惧或戾于贤传圣经;俗纵不知,吾求无愧于天地神明。

注释

[1] 禔(zhī)身:安身,修身。
[2] 光风:雨后初晴时的风。
[3] 霁:雨雪停止,又作光霁。形容雨过天晴时万物明净的景象。有时也喻人品高洁,胸襟开阔。
[4] 曲意:尽情,尽意。

家矩（节选）

陈龙正

导读

陈龙正曾跟从无锡高攀龙学习，与同邑青黄等人并负时名，生平以濂洛为宗，故其《家矩》亦大致以修身穷理为旨归。全书卷帙较繁，共拟订了三十一条，流传极少，而本篇节选了其中的六条。陈龙正教子有其独特的一面，他在"不悭贻后"中，分析了"不悭""大富""侈心""大贫"之间的关系，以及对子孙成长的影响。接着他又阐述，子孙不知先辈创业之苦，不知善守，弃之如泥沙，以及造成这种情形的根源。陈龙正教子之道，还在于他能在生活小事上培养子弟的良好品格。如参加朋友宴请，不论食品好坏都要吃饱，以示尊敬，吃东西时要"随分而宜"。所以他认为儒家修为的精华便是在"穿衣吃饭"中去磨炼自己。

作者简介

陈龙正（？—1645），字惕龙，号几亭，明嘉善（今属浙江）人。

明末著名理学家。崇祯七年（1634）进士，后授中书舍人。陈龙正好言时政，且能仗言直疏。崇祯十五年（1642），当时，自万历以来，民间不断增加税赋，耕者不胜负担。于是陈龙正奏请"屯垦兼兴，以宽加派"，奏本长达数千言，崇祯皇帝准备设置总理司道督办其事，最后因受阻而罢。陈龙正于是著《掌上录》，一时名噪朝野，朝中忌信参半，有人诋毁他为"伪学"，陈龙正不予辩驳，但内心已萌生致仕返乡的决心。正好这时忌恨者借端攻讦他，于是朝廷下旨降其为南监丞，陈龙正没有就职就直接回归家乡了。回家之后，陈龙正杜门著书，不久清军攻陷南京，这时陈龙正已身患疾病。南明弘光元年（1645）六月，陈龙正绝药而死。

陈龙正为人忠爱至诚，操行冰洁，厚施乐赈，学者称其为几亭先生，门人私谥其"文法"。陈龙正师事吴志远、高攀龙等人。他留心当世之务，故其学以万物一体为宗。其后他又潜心于性命之学，师门之旨为之一变。其著作有《学言》《文录》《朱子经说》等。

不悭[1] 贻后

人性不悭，必不至大富；不贻子孙以大富，则不生侈心[2]；不侈则又不至大贫。是贻子孙以善守者，不悭乃其本也。祖父累之如锱铢[3]，子孙费之必如泥沙。子孙痴根，还从祖父愚性生下。

惠蒙 [4]

人自十五、六以下，志识未定，记性偏清。一善言入耳，终身不忘；一邪言入耳，亦时时动念。先入为主，年少其尤。是以长愿亲朋惠我子弟：勿述市井之事，尤戒媟秽[5]之谈；或称贤圣高踪，或陈古今治迹[6]，切无为孝悌忠信，汎不过山水图书。倘遇事情兼备法戒[7]，则请详于所是，略于所非。或节其委而弗周，或微其词而弗露[8]。使夫成人会意，小子忘情。既有益于人，亦自养厥德[9]。

子弟避恶客 [10]

"故"者无失其为"故"[11]，圣人之厚道。吾辈亲朋，诚有难谢绝者。但其开口淫秽，或汎滥市井，何可令幼稚[12]见闻？与其得先入之言而复洗濯之，不如无入之为愈也。凡遇此恶客在座，弟子自十五、六以下，权词令之回避。

饮食间气质

盛馔变色，为相敬也；蔬食必饱，为相爱也。随分而宜，有何分别？识此意，人易于待我，我亦易于待人。若不得圣人之意，将恬然而安之，此其病根是"傲"；不得晋平公[13]之意，且以为简我[14]而不乐矣，此其病根是"陋"[15]。吾见世间朋友，多犯此病。若真心为学，只饮食间便须变化气质。

收敛能免意外

意外之虞最难免，惟时时收敛则可免。能使子姓僮仆人人谨慎，则无复意外。若其未能，则虽诫[16]出意外，究竟祇意内耳。

施济得失

扶济贫穷，施赠豪杰，均属美事，得失悬甚[17]。济贫穷是日用常行，百不失一。赠豪杰是格外偶然，若非具眼，即成妄费。稍涉结纳，即成豪举；每召干求[18]，究反致怨，甚或贾祸。不可不慎。

注释

[1] 不悭：不小气、吝啬。

[2] 侈心：奢侈之心。

[3] 锱铢：古代重量单位，六铢等于一锱，四锱等于一两。形容非常小气，很少的钱也要计较。

[4] 惠蒙：使愚昧的人变得智慧、聪明。

[5] 媟秽：淫亵。

[6] 治迹：政绩，施政的事迹。

[7] 法戒：指楷度与鉴戒。语出《汉书·刘向传》："数上疏言得失，陈法戒。"

[8] 或节其委而弗周,或微其词而弗露:对其不当的言语要略去不说,不要面面俱到,含蓄隐晦点明即可。

[9] 厥德:自己的德行。厥,代词,指说话的人。

[10] 恶客:庸俗不堪或不受欢迎的客人。

[11] "故"者无失其为"故":老朋友依旧是老朋友。语出《礼记·檀弓下》:"子曰:'丘闻之,亲者,毋失其为亲;故者,毋失其为故也。'"

[12] 幼稚:年纪小、未成熟的孩子。

[13] 晋平公:姬姓,名彪,晋悼公之子,春秋时期晋国国君。在位期间令祁黄羊举贤,祁黄羊先后推荐仇人解狐和儿子祁午,而留下"内举不避亲,外举不避仇"的美誉。

[14] 简我:怠慢我。

[15] 陋:见识短浅。

[16] 谶:通"谶",指将来要应验的预言。

[17] 悬甚:差距很大。

[18] 干求:请求,求取。

宋氏家要部（节选）

宋诩

导读

本篇原收录在宋诩的从玄孙宋懋澄编辑的《竹屿山房杂部》中，后人将其摘出单独刊行。卷一为正家之要，主要是对家人提出的道德要求，包括立心、立身、奉亲、奉先等十八条内容；卷二为治家之要，主要是讲治家应遵守的准则，包括守国法、慎家教、宜正大、无琐细等三十二条内容；卷三为理家之要，主要讲治生之道，包括农、圃、蚕、绩等三十四条。

宋诩认为修身的关键是能够"立心"与"立身"。而治家的关键则在于家长。一方面，为家长者要为人表率、有大度量。另一方面，家长要处事公平、赏罚严明。此外，治生则农林牧副渔百业并举，凡所以为生者皆可为之，只唯称贷一事要谨慎。

作者简介

宋诩，字久夫，明弘治年间华亭（今上海）人。其生平事迹不详，有《宋氏养生部》《宋氏文房谱》等书行世。

治家之要

守国法

朝廷有禁有制，禁所以禁人不敢妄为也，制所以制人不可过为也。谨肆之间，祸福常倚伏焉。凡为公、为卿、为大夫、为士、为庶人者，皆其臣也，而不犯君之禁制，无赢豕孚蹢躅[1]，则可以安枕而卧矣。斯福之所存也，孰谓不能保身与家乎？

慎家教

祖宗以来，称吾大族。子孙之多，仆隶之众，至于祭祀宴乐，农圃衣食，皆有成教。能即此而治家焉，鲜有败度。若见人异为，而厌常喜新，未有不颠仆者矣。此所谓轻家鸡而爱野鸡者也。若捭阖揣摩[2]，掎摭苟简[3]，皆非所当务，慎之，慎之！

宜正大

治家者自处正大，不宜狭隘。胸中若蒂芥，不能容人，非善作家翁[4]者也。毋拘拘[5]而事皆由之，足以仪刑[6]乎一家，其器宇自有大过人处矣。

无琐细

人之一身，精神有限。条分理析，事皆萃[7]也。而欲事事而亲之，力岂能给？惟委托得人，总其大纲，往往成巨室者，顾为之何如耳。

毋怠忽[8]

缓于事则怠，急于事则忽。酌量其事之大小，缓急得宜，而怠忽不生焉。事之不济，鲜矣。

毋纵肆

纵欲肆己，未有不遭忧虞患难者。能常加畏惧，以明则有人，幽则有神，又重则有国法，而谓家不昌盛、安享福禄，吾未之见也。

分内外

男不言内，女不言外，皆以居室为之限耳。古人不亲授受，不共湢浴，正所以避嫌也。为家而无内外以别之，男女杂处，则与禽兽不远矣。

防火盗

火与盗，家之患至为大也，俱生于废弛无法守之家。火萌于遗烓[9]，盗窥其慢藏[10]，皆能谨密而预防之，二者之患，何至于吾家哉？

勤

勤以治生。世间事未有不由于怠惰而废也。及时而为之，则事事不在下陈矣。故曰："一生之计在勤。"欲成家者，日复一日，视弹指之时光，岂不甚可惜邪？

俭

俭以养德，非俭不能相继而有。况天地间所生之物，付之于人，自有分定限量，暴殄狼戾[11]，必为天弃，故当俭以承之。是亦所以敬重天地养人之恩也。

注释

[1] 羸豕孚蹢躅（zhí zhú）：敌对势力就像瘦弱的猪一样蠢蠢欲动。羸，瘦弱。孚，牵引。蹢躅，徘徊不前的样子。

[2] 捭阖揣摩：指内外深入地揣摩。捭阖：开合。

[3] 掎摭（zhí）：拾取。苟简：草率而简略。

[4] 家翁：一家之主，家长。

[5] 拘拘：拘挛不伸的样子。

[6] 仪刑：仪容，风范。

[7] 萃：同"粹"，齐全，集聚。

[8] 怠忽：怠惰玩忽。

[9] 遗炷：遗留下的火种。炷，灯芯，此指火种。

[10] 慢藏：收藏财物不慎。

[11] 暴殄狼戾：指任意糟蹋粮食。暴殄，任意浪费、糟蹋。狼戾，谓散乱堆积。语出《孟子·滕文公上》："乐岁，粒米狼戾。"

节妄费

成家之始，非积累无以致焉。宜用者会计已当，固不须吝而朘削[1]。但以有限之物，而为无经之费，不几于竭乎？故惟节之。

戒贪欲

贪欲者，私己也，君子所戒。以我之贪，而人皆贪，谁将与贪？凡夺人所好，占己便宜，诛求无已[2]，皆贪之类也。力以制之，自无不公而可以禔身矣。

近有德

有德之人，常宜近之。聆其善言，观其善行，足以资吾之未逮，而甄陶[3]为善士也。何患乎不高出人头地，而为家之表率乎？

杜无籍[4]

无籍之徒，最能惑性。如嬉戏伎儿及诸异色人[5]，皆所当远。俗所谓三姑六婆者，尤宜禁绝，则不为其所倾覆也。

禁淫祀

窃见今人有疾病求、患难求解者，俱以神明妖孽，祈祷再三，必求效应。然豺獭亦知报本，至于祖宗祭祀，全然灭裂，习以成风。此亦俗之流弊然也。神使有灵，焉肯求索？甚为可哂，欲力禁之。左氏谓妖由人兴，不谄则无也[6]。

清官府赋役等务

君之于民，惟赋役二者以烦民也。有田则有赋，依限而完之；有身则有役，依期而赴之。毕此勾当，虽追胥[7]之辈，舞文弄法，而有所须慑。为属吏先尽，其在我而已矣。夫何愧邪？

注释

[1] 朘削：缩减。

[2] 诛求无已：指勒索诈取没完没了。诛求，需索。

[3] 甄陶：化育，培养造就。

[4] 无籍：指无赖汉。

[5] 异色人：那些怪异、不寻常的人，如巫祝、尼媪之类。

[6] 左氏谓妖由人兴，不诒则无也：语出左丘明《左传·庄公十四年》："初，内蛇与外蛇斗于郑南门中，内蛇死。六年而厉公入。公闻之，问于申繻曰：'犹有妖乎？'对曰：'人之所忌，其气焰以取之，妖由人兴也。人无衅焉，妖不自作。人弃常则妖兴，故有妖。'"

[7] 追胥：指追租的公差。

明籍册钱谷等数

籍册税粮之数，最为切要，稍涉怠缓，一有冐纰[1]，噬脐莫及。与夫钱谷等事，皆有簿书，常时检阅，必不遗忘。尽心力于此，亦成家之要事也。

须行冠婚丧祭之礼

文公先生四礼，世皆疑其高古，辄揶揄[2]而莫之讲。不知为人之道，有家之本，非此四者，不能纪纲其始终。吾家一遵此礼，人力或未能，财物或未称，品节是书，亦不失大意，行而勿惰，自成表率矣。

无失问遗往还之礼

《蓝田吕氏乡约》有"礼俗相交"之目，而问遗往还，尤人家交际之不可失者也。彼以礼来，而敬先之；此以礼往，而敬亦先之。人而无此，何以家为？

延宾客

笑谈无佳宾者，非士大夫家也。宾客之至，礼貌饮食，务尽其诚，久则愈敬。少加侮狎，有志者则不屑与之处矣。

待工匠

百工技艺，有家者不能不用。其功力之勤惰，当时其省试。平其廪直而供亿[3]之，则智巧之人皆欲为吾器使也。

公取与

孟子曰："非其义也，非其道也，一介不以与诸人，一介不以取诸人。"有所取与，以义道而衡于其间，亦仿佛乎圣贤之全德矣。

明报施

张子[4]曰:"兄弟之间,施之不报则辍,故恩不能终。"一施一报,理之自然也。治家者,明报施之道而弗敢懈,何患乎人之责望于我也?

审权量

权量者,古先圣王所以平物之当,而今朝廷尤所加慎者也。若以实估取人而以省估偿人,私量取人而以公量与人,其可乎哉?《辍耕录》[5]纪上海费荣敏公刻铭于斛之四面,曰:"出以是,入以是,子孙永如是。"甚敬慕之。权之度物,不顺理则戾法矣。故《易》曰:"巽以行权。"是宜审焉。

一赏罚

赏罚者,所以示其信于人而欲人必从也。赏罚有不公,则人心不平,怨尤生焉。更欲人之从、事之济,亦难矣哉!

出纳

财物出于人而纳于己,毫忽分厘,自有公论,不容多寡轻重于其间。吝其所出,贪其所纳,则处心遂先不端矣。尤非治家之公,君子不为也。

贸易

以其所有，易其所无，古今之通义也。平心度物，两不亏损，无所往而不可矣。

注释

[1] 罥䋄（juàn wǎng）：古代一种用木棍或竹竿做支架的方形渔网，也作网起之意。

[2] 揶揄：耍笑、戏弄、侮辱之意。语出《东观汉记·王霸传》："市人皆大笑，举手揶揄之。"

[3] 供亿：按需要而供给。

[4] 张子：北宋理学家张载。

[5] 《辍耕录》：有关元朝史事的札记。一名《南村辍耕录》，三十卷。元末明初人陶宗仪著。

周穷恤匮

穷困匮乏者，视吾亲疏，皆当周恤，但有轻重之差耳。若一概而施生，则是博施济众之圣，非吾分力所任也。寒乞困乏，而为之救助赈贷焉，此亦仁人君子之用心也。

抑强扶弱

人有强弱，皆非气禀之得中也。虽然，有邪有正，苟正而强则可矣，邪而强则不可矣。正而弱则可矣，邪而弱则不可也。抑之扶之，使得其中，亦吾直道之所行焉。

礼宜避俗

今人冠祭之礼全然不省，仅存婚、丧二事，而礼义无所本。昏[1]则有拦门、撒帐、坐床、摘花之类，诗歌赞和，真可鄙笑。丧事以哀为本，舍[2]作佛事之外，俳优杂剧[3]，皆得以陈于灵前。既曰不淑[4]，为衰在身，饮酒自如，谈笑自若，礼仪之本，果安在哉？余则不忍见也。非曰矫情干誉[5]，而谓避俗。

事宜同俗

天下乡俗所尚，举不相同，况吾父母之邦习俗已久，果无害于礼，有如正旦、元宵、端午、七夕、重阳、冬至之日，为祭祀燕宾之仪，及张灯、泛蒲、乞巧[6]、登高，以为娱乐，固无大害，则宜从时。若他避忌，以及赛神迎送，为□□□□人者，徒为儿戏，殆取识者之诮耳。则亦□□□□同流合污，而谓同俗。

注释

[1] 昏：同"婚"。

[2] 舍：施舍。

[3] 俳优：古代以乐舞谐戏为业的艺人。此指乐、舞。杂剧：一种把歌曲、宾白、舞蹈结合起来的汉族传统艺术形式。

[4] 不淑：吊问之词。犹言不幸。

[5] 干誉：谓求取名誉，含贬义。语出《虞书·大禹谟》："罔违道以干百姓之誉。"

[6] 乞巧：汉族岁时风俗，农历七月七日夜（或七月六日夜），穿着新衣的少女们在庭院向织女星乞求智巧，称为"乞巧"。

理家之要

农

备嘉种，利器用，然后及时播种耘耔。刈获收积，皆不可后。粪十壅[1]，皆不可阙。须防旱涝，知人劳苦，而农事无不治矣。《庄子》曰："耕而卤莽之，则其实[2]亦卤莽而报予；耘而灭裂[3]之，其实亦灭裂而报予。"故耕耘尤所当慎。

圃

水田之外，旱地皆可畚砾[4]为圃，以种菜茹[5]。亦必识其性之宜水旱者、宜迟早者、宜高下者，植之壅之，以备家用，不必贸之于市。凡土地能生物以养人，《诗》曰："中田有庐，疆场有瓜。"盖地之隙者，亦不得不尽其利。

蚕

衣之贵者，蚕丝所成。湖州养蚕，最为得法，丝绵所产，优于天下。松江邻于湖州，法而畜之，田禾之外，又加此一倍利也。且三春时月，东作方兴，而蚕事已成，深有补于不足。

绩

蚕之次者，苎葛绵纱之属。或纺或绩，不得闲慢，至于织成匹段。松江绵布，亦天下所资尚，然商贾收买甚众。至于物价腾踊，而紧厚细密者，尤得上价。不必外求，生意自滋，尽足日给矣。

鱼

鱼之种随地而生，陶朱公养鱼法最善。恐土壤不俾[6]，不能化育，若此之蕃。如松江之鲢鱼借青鱼以食，鲻鱼必泥沙之池养之者，因其性而时其食，斯无不利也。

畜

牛羊草食曰刍，犬豕谷食曰豢。须在于牧之者，顺其性而调其食，则易肥腯[7]而生息蕃。至于驴马皆然。若鹅、鸭、鸡，而无不有牧养之道。鹅食谷太多，鲜利益于人；然鸡鸭则利，其生卵尤加一倍。鹿鹤鸾兔，可供清玩。如鞲鹰[8]、牵犬、胶雀、斗蟋蟀之类，理家者盖亦当戒，勿为所移。

山池

山不独石，而有材木可取；池不独鱼，兼有菱藕可植。视土之所宜，物之易成，因山而生之，因水而产之，虑人自不为耳。

注释

[1] 粪土膏壅：用粪土给庄稼施肥。壅，用土或肥料培在植物的根部。

[2] 实：果实。

[3] 灭裂：草率，粗略。

[4] 畚（běn）：用蒲草或竹篾编织的盛物器具。砾：碎石，小土块。

[5] 莱茹：菜蔬。

[6] 不侔（móu）：不相等，不等同。

[7] 肥腯（tú）：肥壮。

[8] 鞲（gōu）鹰：赤腹鹰。小型猛禽，翅膀尖而长，因外形像鸽子，所以也叫鸽子鹰。

田荡

户之田，近者自耕之，远者召佃之。耕者及时用力，佃者尤当验。其人有勤惰，时有旱涝，庶不西成。与之较竞，其不可耕而惟养茅者名荡[1]，岁养其茅而收之，亦有地利存焉，不至徒纳税而赴工于上矣。

饮食

江南人家，朝夕亭午[2]，食必用三度为足，又有上、下午之饷为点心。乃多食者务必精洁以时，非惟待宾客如此，凡匠者佣力皆然，不至容其受馁，而怠惰有辞也。

衣服

一家之内，我寒而彼亦寒，及时授衣，人感其惠。若过时而与之，虽挟纩[3]，亦奚济焉？

屋宇

居室当分内外而处，厅堂不得逼近房寝。行止启闭有限，须宼櫺础碣[4]，甖甓坚密，始为长久之计。不宜务多，绣闼雕甍[5]，更难葺理。

墙壁

墙壁有筑有甃，须令坚厚久远，更宜高峻，不宜容人窥测得穿逾之。凡有罅隙，遂宜鸠工[6]，随损随修，毋使倾圮，费用尤大。

井灶

凿井作灶，皆佐人饮食者也。井宜渫[7]，灶宜整饬，毋使污秽。祭祀、宴饮、饔飧，一皆赖之，不可以此而轻易神人也。

囷湢

囷湢[8]二室，不可共作一所。囷室须宜高爽，使臭气无闻。下积粪秽，可以壅物。湢室亦宜宽洪，使热气不蒸，放水欲竭，不积养虫蚓、化生蚊蚋也。

仓库

仓与库造令隐秘，锁钥须严。物之多寡，不得令人时常见之。恐无行者或有觊觎之心，而为狸步之羞也。

舟车

水地行舟，陆地行车，舟宜以柏，车宜以檀。二器皆惟坚致，可以久远。造舟车者不得务乎外观，而为磷敝之物。

器皿

器皿有玉石类者，有角甲类者，有金者，有银者，有漆者，有瓷者，有铜者，有锡者，有铁者，有木者，有竹者，有藤者，其制多端。造作之时，精为雕刻、磨锡、织治、陶冶等功，甚难成效。尤有自古良工，设造之物，流传至久，皆宜爱护，毋得损坏，使之失配合焉，亦有滥恶者，不必收蓄，以惑后人。

药物

医之济人，其功甚大。虽不可擅自调治，能识其病，或与成药，以惠危困，亦推广仁心之一事耳。

竹木

平土产竹，不如山者，植其美种，亦可作篾缠[9]。平土产木，亦不如山者，虽不能为梁栋，而槐檀榆柳，条可樵薪[10]，枚可制器用。然竹头木屑，古人不弃，成家者虑毋忽乎此焉。

桑麻

桑之叶可采以饲蚕，而斨其条，亦可为蒸薪[11]。麻之皮非惟可以绩布，而约绳索绚[12]皆资其用，多植，足为营家之计。《管子》曰："桑麻殖[13]于野，家子富也。"

柴薪

种稻然[14]柴，积灰可以膏田。种木燔薪[15]，腐炭可以烘煁[16]。大家有此，樵苏之利不为不博也。

注释

[1] 荡：浅水湖。

[2] 亭午：正午，中午。

[3] 挟纩（kuàng）：披着绵衣。亦喻受人抚慰而感到温暖。

[4] 宗（máng）：屋顶的正梁。欐（lì）：屋梁。础：柱下石。礩（xì）：柱下石。

[5] 绣闼雕甍（méng）：五彩绘画的门楼，经过雕刻的屋脊。形容建筑物的精巧、雄伟。甍，屋脊。

[6] 鸠工：意思为聚集工匠。

[7] 渫（xiè）：除去，淘去污泥。

[8] 圂：厕所。溷：浴室。

[9] 箆：劈成条的竹片，亦泛指劈成条的芦苇、高粱秆皮等。缏：用麻、麦秸等编成的像辫子的物品。

[10] 槱（yǒu）薪：指柴火。

[11] 蒸薪：指柴火。粗曰薪，细曰蒸。

[12] 约绳：缠束，环束绳子。索绹：制作绳索。

[13] 殖：同"植"。

[14] 然：同"燃"。

[15] 燔薪：烧柴。燔，焚烧。

[16] 堪（chén）：古代一种可以移动的火炉。

炭煤

炭之出于上江者坚重，出于浙地者轻嫩。坚则火力久，而嫩则易燃，各取其长。煤非止生于北方，而亦产于南地。别作一灶，架而炽之，尤利烹饪之需，皆不得无也。

谷米

积谷最久，积米须干，亦经二三年，不能红腐[1]。吾松江出米颇多，而惟积米待价以趋赚一时之利。欲防饥者，必须积谷，亦无拆阅。

麦菽

麦为面，菽为腐[2]，利用甚多，蓄之以为生，亦善计也。虽黍稷、芝麻、小豆之属，皆宜收贮，以应一时取之为用。

茶

有宜兴，有日铸，有龙井，至于六安、徽州、广信、建安等茶，其名多著。而姑苏亦产，味不为佳。人家待宾，首以为供，而暴其诚敬，且能消油腻乳酪之物，无以水厄[3]而避诮也。造茶之所，惟以社前者味胜，乘时而取，则有佳者。古人用末茶团片，今则有一枪两旗，即以为尚。若蒙山顶茶，则采于石，止可干食之耳。

酒

煮酒惟腊酿者为胜，须注腊水。秋造细曲，冷暖俟时，调和有节，酒亦味美，香清滑辣，其糟有用。若不得其理。鲜有不为冷暖所误也。至于时酒，则官药、草药皆可酿之，而酒味亦能甘人。今天下所称，虽有麻姑酒,有东阳酒,有蒲萄酒,有枣儿酒,有菉豆酒,有郫筒酒、树头酒、桐马酒等,出自多方,味各有佳处,不能毕致。然不若家酿之便,利益倍蓰[4]也。

油

油之入口者,惟大麻子油为最,其次为芝麻油与菜油耳。若调和美物,取烹鸡鹅之膏,极为佳也。有一种椒子油最香,可以染物。夜灯之用,则菜油、豆油与浙江清油。能多种紫苏,取子作油,然之尤明。而绵花子、红篮子、蓖麻子、糯米糠等油,方土随用。烛则白蜡、黄蜡甚宜,以柏[5]为烛,尤胜而便焉。

盐

盐乃松江本地所生,家常之用,不须多得,惟醃蔬造酱,一年数度,用之甚广。但盐禁[6]甚严,仍俟负贩至门买用,不可贪慕其贱直[7],而登场收取,恐有小犯,而取祸不赀[8]矣。

酱

造酱,今人惟知以三伏中晒成者为上,而太官[9]则贵在十月幽黄,俟腊水造之。予遗制[10]中,酱有数等,依其制而因其时,则有美味。若小误取市买者,皆一时煮豆所为,而无麦面。虽见色红,蔑[11]能跂及之也。

醋

醋之酽[12]者，有社时醋，有腊时醋，有伏中醋，有桃子醋、蒲萄醋、枣子醋之类。松江惟米麸醋甚多，因时而造，则能成味。且予各备遗制，传必有自，不得罔意为也。

蔬

蔬之种甚多，有土地不宜生而嘉者，甚为艰得，常留种以防其馑。遵予遗法中，及时相地以植之，四时取用，以为异味。但得处置合宜，岂特专美乎鱼肉也？

果

果种之异，惟柑橘可以久藏。次则林檎[13]稍坚，不易腐损。若梨、栗、枣、柿，于秋冬尚有可用。其樱桃、杨梅、桃李、梅杏之属，贩于行商者，皆郁养强熟，而味不能全。视遗法中各品种植，留待宾祭，乘时采摘之，始知其味鲜美胜常，得以荐乎百物之有成也。

贷贴

借贷一事，岂以为薀利而生孽？然今朝廷无禁，而取息有定制也。必明白保见，文券有征，诇知诚实信行之辈，公取而公与之，固无害于义者。惟不宜抑配、抑勒，或为羊羔利而烦扰耳。至于影质以求息，虽有衔鬻之劳，是亦今人之庙算也。

货殖

为商贾之操其赢不如货殖者，废举逐时，虽有干没，而物则稳当也。生财之道，此亦优于借贷而取息值。时有丰歉，人难隃度。今之射利者贪得无厌，而必过求赢余。至倍称犹未已，此则刻薄封冢之流耳。而不知得此则失彼，更蹈于左计中矣。吾惟务此而财恒足。

注释

[1] 红腐：指陈米颜色变红、腐烂。

[2] 菽（shū）：豆的总称。腐：某些豆制食品。

[3] 水厄：三国、魏晋以后，渐行饮茶，其初不习饮者，戏称为"水厄"。后亦指嗜茶。

[4] 倍蓰（xǐ）：谓数倍。蓰，五倍。

[5] 桕（jiù）：一种落叶乔木。种子外面包着的一层白色蜡层称为"桕脂"，

可制蜡烛和肥皂。种子可榨油,叶可制黑色染料,树皮和叶均可入药。亦称"柏树"。

[6] 盐禁:古代禁止私人制盐的法令。

[7] 贱直:贱值。

[8] 不赀:"不訾"。不可比量,不可计数。

[9] 太官:官名。秦有太官令、丞,属少府。两汉因之。掌皇帝膳食及燕享之事。

[10] 遗制:指前人或死者生前的制作物。

[11] 蔑:无,没有。

[12] 酽:(汁液)浓,味厚,引申为颜色的浓。

[13] 林檎:苹果的古称。

十六字格言

傅山

导读

本文选自傅山的《霜红龛家训》,《十六字格言》系其中的一篇。这是傅山专门为两个孙子莲苏、莲宝编著的。文中傅山将每句格言凝缩成一个字的形式,便于记诵,随后又随字展开,鞭辟入里,可谓古代家训中的一种奇特构成形式。《十六字格言》着重于对两个孙子进行读书与修养两个方面的训导。从敦促读书到引导读书,从读书的态度到对待书的态度,傅山都一一点破。从言行举止到心性修养,傅山浅尝辄止,使子孙在读书与生活中有思考的时间和空间。

作者简介

傅山(1607—1684),初名鼎臣,字青竹,更字青主,自号朱衣道人,山西阳曲(今山西省太原市)人。明末清初著名思想家、医学家、书法家,一生隐居不仕。顾炎武极钦佩他的志节。在学术上无所不通,经史之外,兼通先秦诸子,又长于书画医学。著有《霜红龛集》等。

他被认为是明末清初保持民族气节的典范人物。

己未七月二十日书教两孙：

静：不可轻举妄动。此全为读书地，衙门不辄出[1]。

淡：消除世味利欲。

远：去人远，无匪人之比[2]。此有二义。又要往远里看，对近字求之。

藏：一切小慧[3]，不可卖弄。

忍：眷属小嫌[4]，外来侮御，读《孟子》"三自反"章[5]自解。

乐：此字难讲。如般乐[6]饮酒，非类[7]群嬉，岂可谓乐？此字只在闭门读书里面，读《论语》首章[8]自见。

默：此字只要谨言。古人戒此，多有成言[9]也。至于讦直[10]恶口，排毁阴隐，不止自己不许犯之，即闻人言，掩耳急走。

谦：一切有而不居，与骄傲反。吾说《易·谦卦》有之。

重：即"君子不重则不威"之重。气岸峻嶒[11]，不恶而严。

审：大而出处[12]，小而应接[13]，虑可知难。至于日间言行，静夜自审，又是一义。前是求不失其可，后是又改革其非。

勤：读书勿怠，凡一义一字不知者，问人检籍，不可一"且"字放在胸中。

俭：一切饮食衣服，不饥不寒足矣。若有志，即饥寒在身，亦不得萌干求之意。

宽：谓肚皮宽展，为容受地。窄则自隘自蹙，损性致病。

安：只是对"勉"字看。"勉"岂不是好字，但不可强不能为能、不知为知，此病中者最多。

蜕：《荀子》"如蜕"之蜕。君子学问，不时变化，如蝉蜕壳，若得少自锢，岂能长进！

归：谓有所归宿，不至无所着落，即博后之约[14]。

偶列此十六字，教莲苏莲宝，觥令触目[15]，略有所警。载籍如此话，说不胜记。尔辈渐渐读书寻义，自当遇之。魏收《枕中篇》[16]最周匝，不可以人废言，于《元魏书》中有之。

注释

[1] 辄出：轻出。

[2] 无匪人之比：不与不正当的人结交。比，亲近。

[3] 小慧：小聪明。

[4] 眷属小嫌：亲眷家属之间的嫌隙。

[5] 《孟子》"三自反"章：语出《孟子·离娄》："爱人不亲，反其仁；治人不治，反其智；礼人不答，反其敬。"意为以仁爱对人却得不到别人的亲近，那就应该反问自己的仁爱是否还不够；治理人却管理不好，那么自己的策略是否存在问题；待人有礼却得不到他人的恭敬，很可能是自己的方式存在一些不妥之处。

[6] 般乐：大肆作乐。

[7] 非类：不正当的人。

[8] 《论语》首章：《论语》第一章，即《学而篇》："子曰：学而时习之，

不亦说乎？有朋自远方来，不亦乐乎？"

[9] 成言：形成完整的论断。

[10] 讦直：指亢直敢言。

[11] 气岸峻增：比喻气宇严峻高傲。

[12] 出处：古指出仕及退隐。

[13] 应接：应酬接待。

[14] 博、约：本是两种相互交替的治学方法。博在广求，约则简明。

[15] 觕（cū）令触目：粗略地看一下。觕，同"粗"。

[16] 魏收：字伯起，南北朝时期钜鹿下曲阳（今河北晋州）人。北魏时为太学博士，迁散骑侍郎，与阳休之等修国史。北齐时，任中书令，仍兼著作郎。曾撰修《魏书》。官至尚书右仆射。《枕中篇》：写给子侄们的文章。内容广泛，事项很多，主要是以好善远恶相规劝。

杂训二

昔人云："好学而无常家。"家，似谓专家之家，如儒林《毛诗》《孟》《易》之类。我不作此解。家即家室之家，好学人那得死坐屋底！胸怀既因怀居卑劣，闻见遂不宽博。故能读书人，亦当如行脚阇黎[1]，瓶钵团杖[2]，寻山问水，既坚筋骨，亦畅心眼。若再遇师友，亲之取之，大胜塞居[3]不潇洒也。底著滞淫[4]，本非好事，不但图功名人当戒，即学人亦当知其弊。

"学之所益者浅，体之所安者深。闲习礼度，不如式瞻仪形[5]；

讽味遗言[6]，不如亲承音旨[7]。"吾尝三复斯言，恒愿两郎之勤亲正人，遇之莫觌[8]而失也。

"明经取青紫[9]"，此大俗话。苟能明经，则青紫又何足贵！修其天爵，而人爵从之。从，犹从他之从。有也可，不有也可。

"学也禄在其中"，亦非死话。对"馁"字说，则禄犹食。有食则饱，故学可作食，使充于中。圣贤之泽，润益脏腑，自然世间滋味，聊复度命，何足贪婪者！几本残书，勤谨收拾在腹中，作济生糇粮[10]，真不亏人也。

"改"之一字，是学问人第一精进工夫，只是要日日自己去省察。如到晚上，把者一日所言所行底想想，今日那一句话说得不是了，那一件事做得不是了，明日便再不说如此话，不做如此事了，便是渐渐都是向上熟境。若今日想，明日又犯，此等人活一百年也没个长进。吃紧底是小底往大里改，短底往长里改，窄里往宽里改，躁底往里静里改，轻底往重里改，虚底往实里改，摇荡底往坚固里改，龌龊底往光明里改，没耳性[11]底往有耳性里改。如此去读书行事，只有益，决无损，久久自觉受用。

"直情径行"四字甚好，只是入道使得，若是以之家国，全使不得。所以世上人受许许委曲，以此告诸后生，非陈万年告咸之意。读书法古，经久自知。将四字放在榔栗头，为破魔军主帅，终来用著。

注释

[1] 阇黎：高僧，亦泛指僧人。

[2] 瓶钵团杖：僧人出行所带的食具、器具。瓶盛水，钵盛饭。团为蒲团，杖为禅杖。此代指读书人出门游学。

[3] 塞居：闭塞地居住在家。

[4] 滞淫：指长期旷废。出自《国语·晋语四》："底著滞淫，谁能兴之？盍速行乎！"

[5] 式瞻：敬仰，景慕。仪形：典范，楷模。

[6] 讽味：讽诵玩味。谵言：古训。

[7] 音旨：言辞旨意。

[8] 觌（dí）：相见。

[9] 明经：汉代以明经射策取士。隋炀帝置明经、进士二科，以经义取者为明经，以诗赋取者为进士。宋改以经义论策试进士，明经始废。 青紫：古时公卿绶带之色，因借指高官显爵。

[10] 糇（hóu）粮：干粮。

[11] 耳性：记性。指受告诫后能够牢记。

老人胸中有篇《文赋》，只是收拾不起来编写，衰可知矣。然亦可以不弄此伎俩。童心宿业，有何不能舍去也。

"安静和平"，老人自图待终之道，不过此四字而已。儿孙所以养老者，亦惟此四字为承颜上尊。若论文事，则尽许发扬蹈厉[1]。

疏略之人，动辄失计。外来事端，不必色胜而心自取也。色极不胜，心极不取，而见役于人，皆失之疏耳。古人藏身之固，无隙可窥，盖筹之数十年中，常变之不期也。

113

文章诗赋，最厌底是个"啴"字。啴，缓也。俗语谓行事说话，松沓不警曰啴。本"滩"音，因《礼记》"啴以缓之"句借用之耳。然俗语亦无正声。或用"缠"字之去声，最有义。凡束缚右转欲紧者曰缠（平声），左转欲松者曰缠（去声）。即如打面茶，先缠（平声）之，既缠（去声）之，声是也。齿牙口舌手笔丁当振动，自然无此病。若兴会高简之音，不在此例。若一篇之中得三两句警策，则精神满纸矣。警令人惊，策令人前。不能令人惊而前，则拖耳笨驴，闲时拉磨而已，但费草料。

楷书不自篆、隶、八分来，即奴态不足观矣。此意老索即得，看《急就》[2]大了然。所谓篆、隶、八分，不但形相，全在运笔转折活泼处论之。俗字全用人力摆列，而天机自然之妙，竟以安顿失之。按他古篆、隶落笔，浑不知如何布置，若大散乱，而终不能代为整理也。写字不到变化处不见妙，然变化亦何可易到！不自正入，不能变出。此中饶有四头八尾之道，复习不愧而忘人，乃可与此。但能正入，自无婢贱野俗之气。然笔不熟不灵，而又忌亵，熟则近于亵矣。志正体直，书法通于射也。阳元之射，而钟老竟不知。此不亵之道也，不可不知。

吾八九岁即临元常，不似。少长，如《黄庭》《曹娥》《乐毅论》《东方赞》《十三行洛神》，下及《破邪论》，无所不临，而无一近似者。最后写《鲁公家庙》，略得其支离。又溯而临《争坐》，颇欲似之。又进而临《兰亭》，虽不得其神情，渐欲知此技之大概矣。老来不能作小楷，然于《黄庭》，日庀其微，裁欲下笔，又复千里。平水卢传弟者，为《黄庭》法，最为步趋之正。吾曾属临一扇，爱而藏之，其后卢以乡举从贼，为义兵杀于蓟州。其所书扇，不知失之何处，绝无思忆之时。字之不能护庇人也如此，后辈知之，后辈知之。浊翁又题。

六十年来，曾见休宁名士黄朝聘上珍书札子扇头，极大雅，不俗气。予家曾藏其《十八罗汉赞》一卷，字逕寸余，亦真亦行，不晋不唐，亦不宋、元，而风韵高迈。于今南士习书者，罕有其比。然此君实不以书法名，亦能诗，有学问，能饮酒终日夜，醖藉可喜，老而读诵不辍，复忠厚温克，更无徽之炎凉市井习，盖前辈人也。是楚陈公志寰所学守徽时得意门人。制义之精醇，最为先辈，而奴生多笑其陈。予尚记其"勿欺也而犯之"及"柳下惠不卑污君"一段之艺，其体裁在欧阳呆、归有光之间。数奇不售，老而游晋，陈公适抚晋，羁此将年余，去，尚拟挟行卷求知。与先居士善。辛酉冬，复接得一函，有七言长歌一章，皆不似今词场中瞎倒鬼也。前庚申至此，六十一年矣。因其字常留胸中不能忘，遂记此。

苏读书已有闻见，可语文事矣。宝亦不必远求，只向苏问之，便有进益。我家读书种子，要在尔两兄弟上责成。凡外事都莫与，与之徒乱读书之意。世事精细杀，只成得个好俗人，我家不要也。血气未定，一切喜怒不得任性，尤是急务。看此加敬，无作常言。

注释

[1] 蹈：履行，实行。厉：同"励"。

[2]《急就》：相传为皇象所书。皇象（生卒年不详），字休明，三国时期吴国广陵江都（今江苏扬州）人。官至待中、青州刺史。其书法师杜度，

精通篆书、隶书，最工章草，笔势沉着痛快，自然纵横，有"实而不朴，文而不华"之评。

诗赋你都作将来了，可常读陶先生诗。如："山气日夕佳，飞鸟相与还。此中有真意，欲辩已忘言。""此中"一作"此间"，然不如"中"。"四体诚已疲，庶无异患干。盥濯息檐下，斗酒散襟颜。""日入群动息，归鸟趋林鸣。啸傲东轩下，聊复得此生。"其诗不使才，而句句皆高才；不见汝为诗，欲汝为诗日引月长，以续吾家文种故也。

如尔得句"白鹭朝云下，晴天疏柳中"十字，高情朗调，遂欲登盛唐之席。"白鹭"句更好，然一连读下为一意，不得作对偶格看。句偶神通，物色近远。老夫每有此撰。此撰非至思之结，正不必究其来处。

吾家自教授翁以来，七八代皆读书解为文，至参议翁著。下至吾，奉离垢君教，不废此业，然大半为举业拘系，不曾专力，至三十四五始务博综，乱后无所为，益放言自恣矣。尔父秉有异才，而我教之最严。自七八岁以后，风期日上，至十七八遂闳肆[1]。既遭乱，患难奔驰，实无处无时不读书作诗。淋漓感慨，见事风生，大有"见贼惟多身始轻"之胆之识，真横槊[2]才也。所为诗文，皆可以年谱之，实吾家异人，尔亲见其纵笔直书，前无强敌之概者。于今已矣！尔颇有细才，亦能为摩研钞撮[3]，吾家文种，全在尔一身承之。凡我与尔父所为文诗，无论长章大篇、一言半句，尔须收拾无遗，为山右傅氏之文献可也。至于尔早承吾与尔父之教，亦慧而能文，吾数有问尔，尔能记忆，议论亦有先后，切不可自弃。残编手泽，穷年探讨，益当精进自得。粗茶淡饭，布衣茅屋度日，尽可打遣。如求田问舍，非尔之才，即当安命安分，不可妄想。人无百年不死之人，所留在天地间，可以增光岳之气，表五行之灵者，只此文章耳。念之！念之！苍头小厮，供薪水之劳者，一人足也。"观其户，寂若无人；披其帷，其人斯在。"吾愿尔为此等人也。尔颇好酒，切不可滥醉，内而生病，外而取辱，关系不小。记之！记之！"韬精日沈饮，谁知非荒宴[4]！"尔解此意，便再无向尔涟谖[5]者。吾自此绝笔可也。

两孙皆能读书。苏忞高心细而气脆，当教之使纯气。宝颇疏快，而傲慢处多，当教之使知礼。谆谆言之，皆以隐德[6]为家法，势利富贵，不可毫发根于心。老到了，自知吾言。

注释

[1] 闳肆：闳中肆外。指文章内容丰富，而文笔又能发挥尽致。

[2] 横槊：横持长矛。形容气概豪迈。

[3] 钞撮（cuō）：摘录。

[4] 韬精日沈饮，谁知非荒宴：此诗为颜延之《五君咏五首·其三》中两句。韬，包藏，隐藏。精，光明。沈饮，"沈"即"沉"，大量饮酒。荒宴，沉溺于宴饮。

[5] 涟谖：方言，支离烦琐。

[6] 隐德：隐藏才德。

家诫要言

吴麟征

导读

《家诫要言》是吴麟征居官时所撰写的训诫子弟的家书,后由其子吴蕃昌摘录其要语,辑为一帙,故曰《要言》。由于吴麟征身处明末乱世,所以一再告诫家人要善于保全自己。此外,则要求子弟为人要立大志,并强调做人要光明磊落,一旦有龌龊卑鄙的想法,一生的德行都会被败坏。由于此文节选自吴麟征写给家人的家书,所谈基本上都是他的人生经历与感悟,因而更具有警世意义,所以后人评价说:"言言精要,非公之阅历深、见义晰,未易几此。"并且此书经过了吴蕃昌的一番加工,语句整齐,明白晓畅,便于记诵,因而流传较广。

古人崇尚言传身教,而身教有时更胜于言传。吴麟征便是一位以身践行自己人生操守、成全自我品格的儒士。当北京城被李自成攻破后,作为守城之官的吴麟征毅然选择了殉职。他回到家中之后拟写下了这样的遗书:祖宗打下的二百七十多年的江山,一天之间成了这样,天子自己遭难,百姓也遭殃。我身为一名谏议大臣,对朝廷的事务无法匡救,依律应当剥去衣袍,解下带子自尽。我入殓时要穿青衫,戴角巾,以此作为对自己失职的惩罚。写完便挂上绳索悬梁自尽,家人闻知慌忙把他救了过来，流着泪劝说他：等祝孝廉来后你们分别一下，不好吗？吴麟征听后同意了。祝孝廉名叫祝渊，是曾经为营救刘宗周下过狱而且和吴麟征极为相好的朋友。第二天，祝渊来了，吴麟征对他说：我还记得当年考中进士时吟咏文信国的《过零丁洋》的情形，现在山河破碎了，我不死又能做什么呢？说完饮酒跟祝渊告别后，上吊殉国。

作者简介

吴麟征（？—1644），字圣生，海盐（今属浙江）人。天启二年（1622）进士。曾任建昌府推官，崇祯十七年（1644）春，吴麟征被推举为太常少卿。不久李自成率领农民军围攻北京城，吴麟征负责守卫西直门，城破之后自尽，谥"忠节"。

进学莫如谦，立事莫如豫[1]，持己莫若恒，大用莫若畜[2]。
毋为财货迷，毋为妻子蛊[3]。毋令长者疑，毋使父母怒。
争目前之事，则忘远大之图。深儿女之怀，便短英雄之气。
多读书则气清，气清则神正，神正则吉祥出焉，自天佑之。读书少则身暇，身暇则邪间[4]，邪间则过恶作焉，忧患及之。
通三才[5]之谓儒，常愧顶天立地。备百行而为士，何容恕己责人？
知有己不知有人，闻人过不闻己过，此祸本也。故自私之念萌，则铲之；谗谀之徒至，则却之。

邓禹十三，杖策干光武[6]。孙策[7]十四，为英雄所忌，行步殆不能前。汝辈碌碌事章句[8]。尚不及乡里小儿。人之度量相越[9]，岂止什伯[10]而已乎？

师友当以老成庄重、实心用功为良，若浮薄好动之徒，无益有损，断断不宜交也。

方今多事，举业[11]之外，更当进所学。碌碌度日，少年易过，岂不可惜？

注释

[1] 豫：通"预"，意为事先有所准备。

[2] 大用：充分发挥作用。畜（xù）：积蓄，积储。

[3] 蛊：惑乱。

[4] 邪间：邪念乘隙而入。

[5] 三才：天、地、人。

[6] 邓禹：字仲华，东汉人。年十三能诵诗。汉光武帝刘秀起兵，邓驱马往见，为之出谋划策。杖策：执鞭，指驱马而行。干：求见。

[7] 孙策：字伯符。三国时吴主孙权之兄。十余岁时就英名远扬。

[8] 章句：指对儒家经典的析解句读。

[9] 相越：相距，相远。

[10] 什伯：十倍百倍。

[11] 举业：为参加科举考试而攻读的学业。

秀才本等[1]，只宜暗修积学[2]，学业成后，四海比肩[3]。如驰逐名场，延揽声气[4]，爱憎不同，必生异议。

秀才不入社[5]，作官不入党[6]，便有一半身分。

熟读经书，明晰义理，兼通世务。世乱方殷[7]，八股[8]生活，全然冷淡。农桑根本之计，安稳著数[9]，无如此者。诗酒声游，非今日事。

才能知耻，即是上进。

鸟必择木而栖，附托匪人者，必有危身之祸。

见其远者大者，不食邪人之饵，方是二十分识力。

男儿七尺，自有用处。生死寿夭，亦自为之。

语云："身贵于物。"汲汲为利，汲汲为名，俱非尊生之术。

人心止此方寸地，要当光明洞达，直走向上一路。若有龌龊卑鄙襟怀，则一生德器坏矣。

立身无愧，何愁鼠辈？

打扫光明一片地，囊贮古今，研究经史。

"岂可使动我一念？"此七字真经也。

功名之上，更有地步。义利关头，出奴入主，间不容发。

少年作迟暮经营，异日决无成就。

少年人只宜修身笃行，信命读书，勿深以得失为念，所谓得固欣然，败亦可喜。

对尊长全无敬信，处朋侪[10]一味虚骄。习惯既久，更一二十年，当是何物？

交游鲜有诚实可托者，一读书则此辈远矣。省事省罪，其益无穷。

注释

[1] 本等：本分，分内之事。

[2] 暗修积学：私下默默地修养道德，不断地积累学识。

[3] 四海比肩：和天下著名学者齐名。

[4] 延揽声气：交接和招揽同党。

[5] 社：此指明末兴起的各种文社。

[6] 党：朋党。

[7] 殷：盛，多。

[8] 八股：八股文，科举考试的文体程序，因正文由四节对偶文句合计八小股组成，故名，是明清时士子必修的功课。

[9] 著数：手段，方法。

[10] 朋侪：朋友和同辈。

人品须从小作起，权宜苟且诡随[1]之意多，则一生人品坏矣。

制义[2]一节，逞浮藻而背理害道者比比，大抵皆是年少，姑深抑之。吾所取者，历练艰苦之士。

多读书达观今古，可以免忧。

立身作家[3]读书，俱要有绳墨规矩，循之则终身可无悔尤。我以善病，少壮懒惰，一旦当事寄[4]，虽方寸湛如[5]，而展拓无具[6]，只坐空疏卤莽，秀才时不得力耳。

迩来圣明向学，日夜不辍，讲官蒙问，虽多不能支。东宫[7]亦然。

一日宫中有庆暂假，皇上语阁臣曰："东宫又荒疏四五日矣。"汝辈一月潜心攻苦，能有几日？欲望学问之成，难矣！

士人贵经世[8]，经史最宜熟。工夫逐段作去，庶几有成。

器量须大，心境须宽。

切须鼓舞作第一等人勾当。

真心实作，死不可图之功。

竹帛青史，岂可让人？

不合时宜，遇事触忿，此亦一病。多读书，则能消之。

忠信之礼无繁，文惟辅质。仁义之资不匮，俭以成廉。

注释

[1] 诡随：诡诈多变。

[2] 制义：科举考试中所规定的一种文体，也叫时文、制艺。

[3] 作家：理家。

[4] 事寄：担当事任，此指承继了家业。

[5] 方寸湛如：心地纯厚。

[6] 展拓无具：没有发展和开拓的才能。

[7] 东宫：因太子住在东宫，故后多以东宫代称太子。

[8] 经世：治理世事。

海内鼎族，子姓繁多。为之督者，其气象宽衍疏达，有礼法而无形畛[1]，有化导而无猜刻[2]。故一人笃生[3]，百世弗郁[4]，以酝酿深而承藉厚也。水清无鱼，墙薄亟裂。车鉴不远，尚其慎旃[5]！

莫道作事公，莫道开口是，恨不割君双耳朵，插在人家听非议。莫恃筑基牢，莫恃打算备，恨不凿君双眼睛，留在家堂看兴废。

家之本在身，佚荡[6]者往往取轻奴隶。

家用不给，只是从俭，不可搅乱心绪。

四方兵戈云扰，乱离正甚，修身节用，无得罪乡人。

疾病只是用心于外，碌碌太过。

家门履运[7]，正当蹇剥[8]，跬步须当十思。

处乱世与太平时异，只一味节俭收敛，谦以下人，和以处众。

生死路甚仄[9]，只在寡欲与否耳。

水到渠成，穷通自有定数。

治家舍节俭，别无可经营。

待人要宽和，世事要练习。

四方衣冠之祸，惨不可言，虽是一时气数，亦是世家习于奢淫不道，有以召之。若积善之家，亦自有获全者。不可不早夜思其故也。

忧贫言贫，便是不安分，为习俗所移处。

孤寡极可念者，须勉力周恤。

注释

[1] 形畛（zhěn）：刑罚的约束。形，通"刑"。畛，界限。

[2] 猜刻：疑忌刻薄。

[3] 笃生：此处指降生。

[4] 芾（fú）郁：本义为曲折深远，此指茂盛、绵延。

[5] 尚其慎旃（zhān）：应该谨慎小心。旃，语助词。

[6] 佚荡：放荡。

[7] 屑运：遭逢时运。

[8] 蹇（jiǎn）剥：不顺利。

[9] 仄（zè）：狭窄。

近来运当百六[1]，到处多事。行过东齐，往往数百里绝人烟，缙绅衣冠之第，仅存空舍。河南尤惨，一省十亡八九。江南号为乐土，近亦稍稍见端，后忧患更不可测。凡事循省[2]，收敛节俭，惜福惜财，多行善事。勿苟图利益，勿出入县门，勿为门客家奴所使，勿饱食安居晏寝，自鸣得意。

厚朋友而薄骨肉，所谓务华绝根[3]。非乎？戒之，戒之！

世变日多，只宜杜门读书，学作好人，勤俭作家，保身为上。

早完钱粮，谨持门户。

儿曹不敢望其进步，若得养祖宗元气，于乡党中立一人品，即终身学究，我亦无憾。浮华鲜实，不特伤风败俗，亦杀身亡家之本。文字其第二义也。

人情物态，日趋变怪，非礼义法纪所能格化[4]，宜早自为计。

若身在事内，利害不容预计，尽我职分，余委之天而已。

陈白沙[5]先生云："吾侪生分薄于福，敢求全？"三复斯言，自可不肉而肥。

家业事小，门户事大。

人心日薄，习俗日非，身入其中，未易醒寤。但前人所行，要事事以为殷鉴[6]。

恶不在大，心术一坏，即入祸门。

姻事只择古旧门坊、守礼敦实之家，可无后患。

本根厚而后枝叶茂，每事宽一分，即积一分之福。揆之天道，证之人事，往往而合。

遇事多算计，较利悉锱铢，其过甚小，而积之甚大。慎之！慎之！

茹荼历辛[7]，自是儒生本色。须打清心地以图大业，万勿为琐琐萦怀。

一念不慎，败坏身家有余。

世变弥殷，止有读书明理、耕织治家、修身独善之策。即"仕进"二字，不敢为汝曹愿之，况好名结交、嗜利召祸乎？

游谈[8]损德，多言伤神，如其不悛，误己误人。

官长之前，止可将敬[9]，不可逐膻[10]。

居今之世，为今之人，自己珍重，自己打算。千百之中，无一益友。

俗客往来，劝人居积，谀人老成，一字入耳，亏损道心，增益障蔽，无复向上事矣。

注释

[1] 百六：指百六阳九。古代人们讲究灾变运数，阳为旱灾，阴为水灾。四千六百一十七年为一元，初入元一百零六年，内有旱灾九年。后代指厄运、灾变。

[2] 循省：自我反省。

[3] 务华绝根：努力培养花朵却将花根铲断了。华，同"花"。

[4] 格：纠正。化：教化、感化。

[5] 陈白沙：明学者陈献章，字公甫，广东新会人，居白沙里，人称白沙先生。

[6] 殷鉴：本指殷人灭夏，殷的子孙应以夏的灭亡作为鉴戒。后泛指可作借鉴之事。语出《诗经·大雅·荡》。

[7] 茹荼历辛：忍受困苦，历经辛劳。荼，苦菜。

[8] 游谈：虚浮不实的议论。

[9] 将敬：顺从而恭敬。

[10] 逐膻：追逐别人的丑行。膻，指羊肉的气味，这里代指丑恶的行径。

传家十四戒

王夫之

导读

  作为一名反清复明的斗士，清初的思想家、哲学家，王夫之的思想是清纯而统一的"独尊儒家"，除此之外皆为外道。而儒家的"学而优则仕"的思想又深深铭刻于王夫之的思想意识深处，所以他在为子弟择业时便开出了"能士者士，次则医，次则农、工、商、贾"这样的要求。

  从学术的角度来看，王夫之的气节更是为明后的儒家士子们立下了一座丰碑。据说王夫之晚年名声日隆，清廷派人带着厚重的钱财礼物拜访，这时的王夫之已经贫病交加，甚至写作时连纸笔都要靠朋友周济。可是王夫之在气节上却毫不含糊，身为明朝遗臣，他拒不接见清廷官员，也不接受礼物，并在门上写了一副对联，以表自己的节操："清风有意难留我，明月无心自照人。""清"指清廷，"明"指明朝，王夫之借这副对联表现了自己誓守晚节的心志。

作者简介

王夫之（1619—1692），字而农，号姜斋，湖广衡州府衡阳县（今湖南衡阳）人，晚年隐居于石船山，自署船山病叟、南岳遗民，学者遂称他为"船山先生"。王夫之是明末杰出的思想家、哲学家。他与顾炎武、黄宗羲并称为明清之际三大思想家。王夫之出生在一个武勋世家，家族到王夫之祖父辈开始败落。王夫之自幼跟随自己的父亲、叔父、兄长读书，十四岁中秀才，二十四岁高中湖广乡试第五名。这时明朝已经到了存亡之秋，王夫之因此没有参加明代最后一科的会试。随后王夫之积极地投入反抗清王朝的斗争当中。

清顺治五年（1648），王夫之与好友夏汝弼、管嗣裘、僧性翰在南岳方广寺举行武装抗清起义，最后以失败告终。他随后到肇庆，出任南明永历政权的行人司行人。接着连续三次上疏弹劾东阁大学士王化澄等贪赃枉法，结奸误国，结果险些身陷大狱，直到得到高一功的仗义营救，方免于难。顺治八年（1651），王夫之回到原籍，誓不剃发，不与清廷妥协，于是辗转流徙，四处隐藏，最后定居在衡州府衡阳县的金兰乡。康熙三十一年（1692），王夫之病逝，享年七十四岁。王夫之隐居石船山时，每天笔耕不辍，以至"腕不胜砚，指不胜笔"。著有《周易外传》《黄书》《噩梦》《读通鉴论》《宋论》等。

家谱"传家十四戒"：

勿作赘婿[1]；勿以子女出继[2]异姓及为僧道。

勿嫁女受财，或丧子嫁妇，尤不可受一丝。

勿听鬻术人[3]改葬。

勿作吏胥[4]。

勿与胥隶为婚姻。

勿为讼者或作证佐。

勿为人作呈送。

勿作歇保[5]。

勿为乡团之魁[6]。

勿作屠人、厨人及鬻酒食。

勿挟枪弩网罗禽兽。

勿习拳勇、咒术。

勿作师巫及鼓吹人。

勿立坛祀山獠[7]、跳神。

能士者士，次则医，次则农、工、商、贾，各惟其力与其时。吾不敢望复古人之风矩[8]，但得似启、祯间[9]稍有耻者足矣。凡此所戒，皆吾祖父所深鄙者。若饮博狂荡自是不幸，而生此败类。然其繇来，皆自不守此戒丧其恻隐羞恶之心始。吾言之，吾子孙未必能戒之，抑或听妇言、交匪类而为之，乃家之绝续。在此，故不容己于言。后有贤者引申以立训范，尤所望而不可必者，守此亦可以不绝吾世矣。

丙寅季夏薑斋七十老人书

注释

[1] 赘婿：指结婚后定居于女家的男子。

[2] 出继：将子女过继给他人作后辈。

[3] 鬻术人：指风水先生。

[4] 吏胥：旧时官府中的小吏。

[5] 歇保：居中作保，为人或事担保。

[6] 魁：首领，头脑。

[7] 山獠：山魈，传说中的山怪。

[8] 风矩：风度，气派。

[9] 启、祯间：明代天启、崇祯年间的略称。

宗规（节选）

王士晋

导读

陈宏谋在《五种遗规》中称："此篇与王孟箕讲宗约同意，而条约更觉周备。自家庭乡党，以至涉世应务之道，均列于宗规。于此见人生一举足而不可忘祖宗之训也。爱亲者不敢恶于人，敬亲者不敢慢于人，亲亲长长而天下平，皆此义耳。愿有宗祠者，三复此规也。"

王士晋的《宗规》全文主要从乡约当遵、祠堂当展、族类当辨、名分当正、宗族当睦、谱牒当重、闺门当肃、蒙养当豫、姻里当厚、职业当勤、赋役当供、争讼当止、节俭当崇、守望当严、邪巫当禁、四礼当行十六个部分进行分述。从中我们可以看到，其中内容囊括了一个家族从宏观思想到具体章法族例的方方面面。也正因为如此，这篇宗规才在之后的几百年中被各个家族、宗祠广泛地引用。其中也确实让我们看到了中国传统的儒道文化与宗族法规的有机结合，这或许也可称为宗法文化，或宗庙文化。

作者简介

王士晋,明代人,生平不详。

乡约当遵

孝顺父母,尊敬长上,和睦乡里,教训子孙,各安生理,毋作非为。这六句,包尽做人的道理。凡为忠臣,为孝子,为顺孙,为圣世良民,皆由此出。无论圣愚,皆晓得此文义,只是不肯着实遵行,故自陷于过恶。祖宗在上,岂忍使子孙辈如此。今于宗祠内,仿乡约[1]仪节,每朔日,族长督率子弟,齐赴听讲。各宜恭敬体认,共成美俗。

祠堂当展

祠乃祖宗神灵所依,墓乃祖宗体魄所藏。子孙思祖宗不可见,见所依所藏之处,即如见祖宗一般。时而祠祭,时而墓祭,皆展视大礼,必加敬谨。凡栋宇有坏,则葺之,罅漏则补之;垣砌碑石有损,则重整之,蓬棘则剪之;树木什器[2],则爱惜之,或被人侵害,盗卖盗葬,则同心合力复之。患无忽小,视无逾时,若使缓延,所费愈大。此事死如事生,事亡如事存之道,族人所宜首讲者。

族类当辨

　　类族辨物[3]，圣人不废。世以门第相高，间有非族认为族者：或同姓而杂居一里，或自外邑移居本村，或继同姓子为嗣，其类匪一[4]。然姓虽同而祠不同入，墓不同祭，是非难淆，疑似当辨。倘称谓亦从叔侄兄弟，后将若之何？故谱[5]内必严为之防。盖神不歆非类，处己处人之道。当如是也。

名分当正

　　非族者辨之，众人所易知易能也。同族者，实有兄弟叔侄，名分彼此，称呼自有定序。近世风俗浇漓[6]，或狎于亵昵，或狃于阿承[7]，皆非礼也。至于拜揖必恭，言语必逊，坐次必依先后，不论近族远族，俱照叔侄序列。情既亲洽，心更相安。名门故家之礼，原是如此。又女子已嫁而归，辄居客位，是何礼数。吉水罗念庵[8]先生宅，于归宁之女，仍依世次，别设一席，可法也。若同族义男，亦必有约束。不得凌犯疏房[9]长上，有失族谊，且寓防微杜渐之意。

宗族当睦

　　《书》曰："以亲九族[10]。"《诗》曰："本支百世[11]。"睦族，圣王且尔，况凡众人乎！观于万石君家[12]，子孙醇谨，过里必下车，此风犹有存者。末俗[13]或以富贵骄，或以智力抗，或以顽泼欺凌，虽能争胜一时，已皆自作罪孽。况相角[14]相仇，循环不辍。人厌之，天恶之，未有不败者。何苦如此。尝谓睦族之要有三：曰尊尊；曰老老[15]；曰贤贤。名分属尊行者，尊也，则恭顺退逊，不敢触犯。分属虽卑，而齿迈[16]众，老也，则扶持保护，事以高年之礼。有德行族彦[17]，贤也，贤者乃本宗桢干[18]，则亲炙[19]之，景仰之，每事效法，忘分忘年以敬之。此之谓三要。又有四务：曰矜幼弱；曰恤孤寡；曰周窘急；曰解忿竞[20]。幼者稚年，弱者鲜势[21]，人所易欺，则矜之。一有矜悯之心，自随处为之效力矣。鳏寡孤独，王政所先[22]，况乎同族，得以耳闻目击者乎，则恤之。贫者恤以善言，富者恤以财谷，皆阴德也。衣食窘急，生计无聊[23]，命运亦乖，则周之。量己量彼，可为则为，不必望其报，不必使人知，吾尽吾心焉。人有忿，则争竞。得一人劝之，气遂平；遇一人助之，气愈激。然当局而迷者多矣。居间解之，族人之责也，亦积善之一事也。此之谓四务。引伸触类，为义田义仓，为义学，为义冢，教育同族，使生死无所失，皆豪杰所当为者。善乎！陶渊明之言曰："同源分流，人易世疏。慨焉寤叹，念兹厥初[24]。"范文正公之言曰："宗族于吾，固有亲疏。自祖宗眎之，则均是子孙，固无亲疏。"此先贤格言也。人能以祖宗之念为念，自知宗族之当睦矣。

注释

[1] 乡约：乡规民约，适用于本乡本地的规约。

[2] 什器：原指各种生产用具或生活器物，此指墓地中的各种石头供具。

[3] 辨物：分辨事物的种类，辨别事物的情况。

[4] 匪一：非一，不一而论。

[5] 谱：家谱。

[6] 浇漓：亦作"浇醨"。浮薄不厚。多用于指社会风气。

[7] 狃：习以为常。阿承：阿谀，奉承。

[8] 罗念庵：罗洪先，字达夫，号念庵，吉水（今江西省吉水县）人。明嘉靖八年（1529）进士第一名，初被授予翰林院修撰。后迁左春房赞善，后被罢免，著书以终。著有《念庵集》二十二卷。

[9] 疏房：远族，远房。

[10] 以亲九族：他能发扬才智美德，使家族亲密和睦。语出《尚书·尧典》："克明俊德，以亲九族。"九族，从自己的高祖至自己的玄孙九代。

[11] 本支百世：子孙昌盛百代不衰。语出《诗经·大雅·文王》："文王孙子，本支百世。"

[12] 万石君家：家资万石的人家。

[13] 末俗：世俗之人，指一般平庸的人。

[14] 相角：争胜，互斗。语出尤袤《全唐诗话·段成式》："余在城时，常与客联句，初无虚日，小酌求押，或穷韵相角，或押恶韵。"

[15] 老老：以敬老之道侍奉老人。语出《礼记·大学》："上老老而民兴孝，上长长而民兴悌。"

[16] 齿迈：年老。

[17] 族彦：古代指家族中有才学、德行的人。

[18] 桢干：古代筑墙时所用的木柱，竖在两端的叫"桢"，竖在两旁的叫"干"。后引申为骨干之人。

[19] 亲炙：指直接前往接受传授、教导。炙，本义为"烤"，后引申为影响熏陶。

[20] 忿竞：忿争。

[21] 鲜势：少势，劣势。鲜，少，乏。

[22] 王政：王道，仁政。所先：优先（抚恤）。

[23] 无聊：贫穷无依。

[24] "同源分流……念兹厥初"句：长沙公与我祖先相同而分支不同，一代一代逐渐变更而疏远了。慨叹于彼此之间关系，而顾念其初之同源。寤：本义为睡醒，通"悟"，觉悟，醒悟。厥初：当初的始祖，此指陶侃始封为"长沙郡公"。

谱牒[1]当重

谱牒所载，皆宗族祖父名讳，孝子顺孙，目可得睹，口不可得言，收藏贵密，保守贵久。每岁清明祭祖时，宜各带所编发字号原本，到宗祠会看一遍。祭毕，仍各带回收藏。如有鼠侵油污磨坏字迹者，族长同族众即在祖宗前，量加惩诫，另择贤能子孙收管，登名于簿，以便稽查。或有不肖辈，鬻谱卖宗，或誊写原本，瞒众觅利，致使以赝混真，紊乱支派者，不惟得罪族人，抑且得罪祖宗，众共黜[2]之，不许入祠，仍会众呈官，追谱治罪。

蒙养当豫

闺门之内，古人有胎教，又有能言之教[2]。父兄又有小学之教、大学之教，是以子弟易于成材。今俗教子弟者何如？上者，教之作文，取科第功名止矣。功名之上，道德未教也。次者，教之杂字、柬笺[3]，以便商贾书计。下者，教之状词活套[4]，以为他日刁猾之地。是虽教之，实害之矣。族中各父兄，须知子弟之当教；又须知教法之当正；又须知养正之当豫，七岁便入乡塾，学字学书，随其资质。渐长有知识，便择端悫[5]师友，将正经书史，严加训迪，务使变化气质，陶镕德性。他日若做秀才，做官，固为良士，为廉吏。就是为农，为工，为商，亦不失为醇谨君子。

姻里当厚

姻者，族之亲；里者，族之邻。远则情义相关；近则出门相见。宇宙茫茫，幸而聚集，亦是良缘。况童蒙时，或多同馆，或共遊嬉，比之路人迥别，凡事皆当从厚。通有无，恤患难，不论曾否相与，俱以诚心和气遇之。即使彼曾待我薄，我不可以薄待，久之且感而化矣。若恃强凌弱，倚众暴寡，靠富欺贫，捏故占人田地风水，侵人山林疆界，放债违例，过三分取息，此皆薄恶凶习。天道好还，尤宜急戒，毋自害儿孙也。

职业当勤

士、农、工、商，业虽不同，皆是本职。勤则职业修[6]；惰则职业隳。修则父母妻子仰事俯育有赖；隳则资身无策[7]，不免姗笑[8]于姻里。然所谓勤者，非徒尽力，实要尽道如士者，则须先德行，次文艺，切勿因读书识字，舞弄文法，颠倒是非，造歌谣，匿名帖。举监生员，不得出入公门，有玷行止。士宦，不得以贿败官，贻辱祖宗。农者，不得窃田水，纵牲畜作践，欺赖佃租。工者，不可作淫巧，售敝伪器什。商者，不得纨袴冶遊，酒色浪费。亦不得越四民之外，为僧道，为胥隶，为优戏，为椎埋[9]屠宰。若赌博一事，近来相习成风，凡倾家荡产，招祸速衅，无不由此。犯者，宜会族众，送官惩治；不则罪坐房长。

赋役当供

以下事上，古今通谊。赋税力役之征，皆国家法度所系，若拖欠钱粮，躲避差徭，便是不良的百姓，连累里长[10]，恼烦官府，追呼问罪，甚至枷号[11]，身家被亏，玷辱父母。又准不得事，乃要赋役完官，是何算计。故勤业之人，将一年本等差粮，先要办纳明白。讨经手印押收票存证，上不欠官粮，何等自在？亦良民职分所当尽者。

注释

[1] 谱牒：记载某一宗族主要成员世系及其事迹的档案，以一定的形式记载了该宗族历史。

[2] 能言之教：长于辩论，有独到见解之人的教诲。

[3] 杂字：指把各种常用字缀集成韵，以便于记诵的字册。如《六言杂字》。

柬笺：信件、名片、帖子等的泛称。

[4] 活套：生活中的俗语常谈。

[5] 端悫：正直诚谨。

[6] 修：善，美好。此指有所建树、成就。

[7] 资身无策：没有办法立身。

[8] 姗笑：讥笑，嘲笑。

[9] 椎埋：意思是劫杀人而埋之，泛指杀人。

[10] 里长：又称里正、里尹、里宰等，中国春秋战国时的一里之长，唐代称里正，明代改名里长。

[11] 枷号：旧时将犯人上枷标明罪状示众。

争讼当止

太平百姓，完赋役，无争讼，便是天堂世界。盖讼事有害无利：要盘缠，要奔走，若造机关，又坏心术，且无论官府廉明何如。到城市，便被歇家撮弄[1]；到衙门，便受皂隶呵叱，伺候几朝夕，方得见官，理直犹可，理曲到底吃亏，受笞杖，受罪罚，甚至破家、忘身、辱亲，冤冤相报，害及子孙。总之，则为一念客气[2]，始不可不慎。《经》曰："君子以作事谋始[3]。"始能忍，终无祸，始之时义大矣哉。即有万不得已，或关系祖宗、父母、兄弟、妻子情事，私下处不得，没奈何闻官，只宜从直告诉。官府善察情，更易明白，切莫架桥捏怪[4]，致问招回。又要早知回头，不可终讼。圣人于《讼卦》曰："惕中吉，终凶[5]。"此是锦囊妙策。须是自作张主，不可听讼师棍党[6]教唆，财被人得，祸自己当。省之，省之。

节俭当崇

老氏三宝[7]，俭居一焉。人生福分，各有限制。若饮食衣服，日用起居，一一朴啬，留有余不尽之享，以还造化。优游天年，是可以养福。奢靡败度，俭约鲜过，不逊宁固[8]，圣人有辨，是可以养德。多费多取，至于多取，不免奴颜婢膝，委曲徇人，自丧己志；费少取少，随分随足，浩然自得，是可以养气。且以俭示后，子孙可法，有益于家；以俭率人，敝俗可挽，有益于国。世顾莫之能行，何哉？其弊在于好门面一念始。如争讼好赢的门面，则鬻产借债，讨人情钻刺[9]，不顾利害。吉凶礼节，好富厚的门面，则卖田嫁女，厚赂聘媳[10]，铺张发引[11]，开厨设供[12]，倡优杂逻[13]，击鲜[14]散帛，乱用绫纱，又加招请贵宾，宴新堉，与搬戏许愿，预修祈福，力实不支，设法应用，不知挖肉补疮[15]，所损日甚。此皆恶俗，可悯可悲。噫！士者民之倡，贤智者，庸众之倡。责有所属[16]，吾日望之。

守望当严

上司设立保甲[17],只为地方。而百姓却乃欺瞒官府,虚应故事。以致防盗无术,束手待寇。小则窃,大则疆,及至告官,得不偿失。即能获盗,牵累无时,抛弃本业。是百姓之自为计疏也。民族虽散居。然多者千烟,少者百室,又少者数十户,兼有乡邻同井,相友相助。须依奉上司条约。平居互议,出入有事,递为应援。或合或分,随便邀截。若约中有不遵防范、踪迹可疑者,即时察之。若果有实事可据,即会呈送官究治。盖思患预防,不可不虑。奢靡之乡,尤所当虑也。

邪巫当禁

禁止师巫邪术,律有明条。盖鬼道盛,人道衰,理之一定者。故曰:国将兴,听于人,将亡,听于神。况百姓之家乎!故一切左道惑众诸辈,宜勿令至门。且风俗日偷,僧道之外,又有斋婆[18]、卖婆、尼姑、跳神、卜妇、女相[19]、女戏等项,穿门入户,人不知禁,以致哄诱费财,甚有犯奸盗者,为害不小。各夫男须皆预防,察其动静,杜其往来,以免后悔。此是齐家最要紧事。

四礼当行

先王制冠、婚、丧、祭四礼,以范后人。载在性理大全[20]及家礼仪节者,是皆国朝颁降者也。民生日用常行,此为最切。惟礼,则成父道,成子道,成夫妇之道。无礼,则禽犾耳。然民俗所以不由礼者,或谓礼节烦多,未免伤财废事,不知师其意而用其精,至易至简,何不可行?试言其大要。

冠则宾不用币[21];归俎[22]止殽品果酒,不用牲,惟从俭。族有将冠者众,则同日行礼。长子众子,各从其类。赞与席,如冠者之数,祝词不重出。加冠醮酒[23],祝后次第举之,拜则同庶人。三加之礼[24],初用小帽、小深衣、履鞋;再用折巾、绢深衣、皂靴;三用方巾,或儒巾,服或直身,或襴衫、员领,皆从便。婚则禁同姓,禁服妇[25]改嫁,恐犯离异之律。女未及笄,无过门。夫亡,无招赘,无招夫养夫。受聘[26],择门第,辨良贱;无贪下户[27]货财,将女许配,作贱骨肉,玷辱宗祊[28]。丧则惟竭力于衣衾棺椁,遵礼哀泣,棺内不得用金银玉物。吊者止[29]款茶,途远待以素饭,不设酒筵。服未除,不嫁娶,不听乐,不与宴贺。衰绖[30]不入公门。葬必择地,避五鬼[31],不得泥[32]风水邀福,至有终身不葬,累世不葬。不得盗葬,不得侵祖葬,不得水葬,不得火化,犯律重罪。祭则聚精神,致孝享[33],内外一心,长幼整肃。具物惟称家有无,不得为非礼之礼。此皆孝子慈孙所当尽者。

注释

[1] 歇家:旧时的一种职业。专营生意经纪、职业介绍、做媒作保、代打官

司等业务，此指从事这种职业的人。撮弄：摆布，戏弄。

[2] 客气：一时的意气，偏激的情绪。

[3] 谋始：开始时慎重考虑。

[4] 捏怪：此指捏造虚假。

[5] 惕中吉，中凶：语出《易经·讼卦·卦辞》："讼：有孚窒，惕，中吉；终凶。"意为有信用，克制、警惕，中途停止是吉祥的，争讼到底就是凶。

[6] 讼师棍党：挑唆别人打官司，借以从中牟利的人。

[7] 老氏三宝：老子曰："我有三宝，持而保之：一曰慈，二曰俭，三曰不敢为天下先。"老氏，即老子，李聃。

[8] 不逊宁固：语出《论语·述而》："子曰：'奢则不孙，俭则固。与其不孙也，宁固。'"意为奢侈就会骄狂，节约就会寒酸，与其骄狂，宁可寒酸。不逊，即为不恭顺，这里的意思是"越礼"。固，简陋、鄙陋，这里是寒酸的意思。

[9] 钻刺：钻营，谋求。

[10] 厚赂聘媳：以厚重的礼金礼聘媳妇。厚赂，本义为丰厚的贿赂，此指丰厚的聘礼。

[11] 铺张发引：丧礼办得很铺张浪费。发引，本义为执绋，参加丧礼，此处指发丧，办丧事。

[12] 开厨：形容精妙的绘画。王维《春过贺遂员外药园》："画畏开厨走，来蒙倒屣迎。"设供：陈设祭品。周密《齐东野语·吴季谦改秩》："一日，盗至鄂，舣舟。挟其家至某寺设供。"

[13] 杂遝：纷杂繁多。

[14] 击鲜：宰杀活的牲畜禽鱼，充作美食。

[15] 挖肉补疮：比喻只顾眼前，用有害的方法来救急。

[16] 属：古同"嘱"，嘱咐，托付。

[17] 保甲：旧时代统治者通过户籍编制来统治人民的制度。若干家编作一甲，若干甲编作一保。保设保长，甲设甲长。

[18] 斋婆：念佛吃斋的老年妇女。

[19] 女相：女相师。

[20] 性理大全：七十卷，明代胡广等奉敕编辑。此书为宋代理学著作与理学家言论的汇编，所采宋儒之说共一百二十家。

[21] 冠则宾不用币：举行冠礼时，来宾不用花钱。

[22] 归俎：古代祭祀时盛放祭品的器物。

[23] 加冠醮酒：行加冠礼时奠酒，敬酒。醮，古冠、婚礼所行的一种简单仪式。尊者对卑者酌酒，卑者接受敬酒后饮尽，不须回敬醮。

[24] 三加之礼：乃古代举行冠礼过程中的三道重要程序。据载，古时候男子举行冠礼时须穿戴的服饰甚多，包括冠巾、帽子、幞头、衣衫、革带（古代革制的腰带）、鞋靴等，其中最重要的是头上所戴部分，即首加之"冠巾"，再加之"帽子"，三加之"幞头"。三加之后，理发为髻，以示成人。

[25] 服妇：服丧期间的夫妇。

[26] 受聘：旧时婚俗，女家接受男家之聘礼，称受聘。

[27] 下户：贫民，贫苦之家。

[28] 宗祊：宗庙，家庙。

[29] 止：仅，只。

[30] 衰绖（dié）：穿丧服。

[31] 五鬼：风水学理论中最重视的方位之一，即五黄位（玄空飞星理论），

有人称之为五鬼位（八宅理论）。

[32] 泥：逆。

[33] 孝享：祭祀。

朱子治家格言

朱用纯

导读

《朱子治家格言》又名《朱柏庐治家格言》《朱子家训》，是清代以来影响最大的蒙学读物之一。全文五百余字，文字通俗易懂，内容简明扼要，朗朗上口，问世以来，不胫而走，成为清代家喻户晓的教子治家的经典篇章。在这部家训中，作者以通俗易懂的格言形式，深入浅出地阐述了治家、修身、处世的基本原则和要求。他劝诫子孙要以礼义治家。关于为人处世，则强调一要为人忠厚朴实，二要严于律己，三要慎交游、立大志。此处还有一些警句，如"一粥一饭，当思来处不易；半丝半缕，恒念物力维艰""宜未雨而绸缪，毋临渴而掘井"等，在今天仍然具有教育意义。

作者简介

朱用纯（1627—1698），字致一，号柏庐，明末清初江苏昆山人。著名理学家、教育家。父朱集璜是明末学者，清顺治二年（1645）守卫昆城抵御清军，城被攻破之后，投河自尽。朱用纯始终未入仕，一生以在乡里教授学生为生，向学者授以《近思录》等书籍。他曾用楷书手写数十本教材用于教学。朱用纯潜心研究程朱理学，主张知行并进，躬行实践。康熙年间坚辞博学鸿词之荐，与徐枋、杨无咎三人号称"吴中三高士"。著有《删补易经蒙引》《四书讲义》《春秋五传酌解》《困衡录》《愧讷集》《毋欺录》等。

黎明即起，洒扫庭除[1]，要内外整洁；
既昏便息，关锁门户，必亲自检点。
一粥一饭，当思来处不易；
半丝半缕，恒念物力维艰。
宜未雨而绸缪[2]，毋临渴而掘井。
自奉必须俭约，宴客切勿留连。
器具质而洁，瓦缶[3]胜金玉；
饮食约而精，园蔬逾珍馐[4]。
勿营华屋，勿谋良田。
三姑六婆[5]，实淫盗之媒；
婢美妾娇，非闺房之福。
奴仆勿用俊美，妻妾切忌艳妆。
祖宗虽远，祭祀不可不诚；
子孙虽愚，经书不可不读。
居身务期[6]俭朴，教子要有义方[7]。

莫贪意外之财，勿饮过量之酒。

与肩挑贸易，毋占便宜；

见穷苦亲邻，须多温恤。

刻薄成家，理无久享；

伦常乖舛[8]，立见消亡。

兄弟叔侄，须分多润寡；

长幼内外，宜法肃辞严。

听妇言，乖骨肉，岂是丈夫；

重资财，薄父母，不成人子。

嫁女择佳婿，毋索重聘；

娶媳求淑女，勿计厚奁。

见富贵而生谄容者，最可耻；

遇贫穷而作骄态者，贱莫甚。

居家戒争讼，讼则终凶；

处世戒多言，言多必失。

勿恃势力而凌逼孤寡，

勿贪口腹而恣杀牲禽。

乖僻自是，悔误必多；

颓惰自甘，家道难成。

狎昵恶少，久必受其累；

屈志[9]老成，急则可相依。

轻听发言，安知非人之谮诉？当忍耐三思；

因事相争，安知非我之不是？须平心暗想。

施惠无念，受恩莫忘。

凡事当留余地，得意不宜再往。

人有喜庆，不可生妒忌心；

人有祸患，不可生喜幸心。

善欲人见，不是真善；

恶恐人知，便是大恶。

见色而起淫心，报在妻女；

匿怨[10]而用暗箭，祸延子孙。

家门和顺，虽饔飧不继，亦有余欢；

国课早完，即囊橐[11]无余，自得至乐。

读书志在圣贤，为官心存君国。

守分安命，顺时听天；

为人若此，庶乎近焉。

注释

[1] 庭除：庭院。

[2] 绸缪：密缠紧缚，后指事前做好准备。语出《诗经·豳风·鸱鸮》："迨天之未阴雨，彻彼桑土，绸缪牖户。"

[3] 瓦缶（fǒu）：瓦制的器具。

[4] 珍馐：珍奇精美的食品。

[5] 三姑：尼姑、道姑、卦姑。六婆：牙婆、媒婆、师婆、虔婆、药婆、稳婆。

[6] 务期：一定要。语出唐顺之《牌》："务期尽力向前，毋失机会。"

[7] 义方：做人的正道。

[8] 乘舛（chuǎn）：违背。

[9] 屈志：谓曲意迁就，抑制意愿。语出《楚辞·九章·思美人》："欲变节以从俗兮，愧易初而屈志。"

[10] 匿怨：对人怀恨在心，而面上不表现出来。

[11] 囊橐（tuó）：口袋。

朱柏庐先生劝言

朱用纯

导读

本文共包括"孝弟""勤俭""读书""积德"四篇,对治家、修身和处世之道进行了进一步深入而具体的阐述,目的是培养所谓的"乡党自好之士"。在"勤俭"篇中,朱用纯一方面论述了勤俭对于治家和修身的重要性,另一方面又详细阐释了勤俭的方法。在"读书"篇中,朱用纯强调读书的目的不是中举人、进士,而是求义理、做好人。在"积德"篇中,朱用纯认为积德要从当下做起,从身边的人和事做起。此书与《朱子治家格言》互为一体,是对《朱子治家格言》基本思想的进一步深化,可视为《朱子治家格言》的补充和姊妹篇,二者一简一繁、一俗一雅,可以相互参看。

孝弟

孩提之童,无不知爱其亲。及其长也,无不知敬其兄,可知孝亲悌长,是天性中事,不是有知有不知,有能有不能者也。吾独怪今人,财宝本是身外之物，强欲求之，不得为耻，孝弟是身内固有，不得如何不耻？又怪今人，功名本如旅舍，一过便去，得而复失，则又深耻，孝弟乃是不可复失者，放而不求，如何不耻？不必言古圣贤孝弟之行，如大舜、武周、泰伯、伯夷[1]，各造其极。只如晨省昏定[2]，推梨让枣[3]，有何难事？而今人甘心不为，极而至于生不能养，死不能葬，大不孝于父母，有无不通，长短相竞，大不友于兄弟。噫，是即孩提时，顷刻不见父母，则哭泣不止，兄弟同床共席，则相怜相爱之孝子悌弟也。人皆望长而进德，奈何反至于此。且就人所易能者，立一榜样。昔老莱子[4]行年七十，身着五色斑斓之衣，作婴儿戏，欲亲之喜。司马温公兄伯康[5]，年将八十，公奉如严父，保如婴儿。每食少顷，则问曰："得无饥乎？"天少冷，则拊其背曰："衣得无薄乎？"老而如此，未老可推。一事如此，他事可推。有子曰："孝弟为仁之本[6]。"乌[7]有孝子悌弟，而不修德行善者？孔子曰："孝弟之至，通于神明，光于四海[8]。"乌有孝子悌弟，而不为乡党所称、皇天所佑者？其不孝不友者反是，何不勉之？

勤俭

勤与俭，治生之道也。不勤则寡入，不俭则妄费。寡入而妄费，则财匮。财匮则苟取[9]。愚者为寡廉鲜耻之事，黠[10]者入行险侥幸之途。生平行止，于此而丧，祖宗家声，于此而坠，生理绝矣。又况一家之中，有妻有子，不能以勤俭表率，而使相趋于贪惰，则自绝其生理，而又绝妻子之生理矣。

勤之为道，第一要深思远计。事宜早为，物宜早办者，必须预先经理。若待临时，仓忙失措，鲜不耗费。第二要晏眠早起。侵晨而起，夜分而卧，则一日而复得半日之功。若早眠晏起，则一日仅得半日之功。无论天道必酬勤而罚惰，即人事赢诎[11]，亦已悬殊。第三要耐烦吃苦。不耐烦吃苦，一处不周密，一处便有损失耗坏。事须亲自为者，必亲自为之。须一日为者，必一日为之。人皆以身习劳苦为自戕其生，而不知是乃所以求生也。

俭之为道，第一要平心忍气。一朝之忿，不自度量，与人口角斗力，构讼经官，事过之后，不惟破家，或且辱身。第二要量力举事。土木之功，婚嫁之事，宾客酒席之费，切不可好求胜。一时兴会，所费不支，后平补苴[12]，或行称贷，偿则无力，逋[13]则丧德。第三要节衣缩食。绮罗之美，不过供人之叹羡而已。若暖其躯体，布素与绮罗何异？肥甘之美，不过口舌间片刻之适而已。若自喉而下，藜藿[14]肥甘何异？人皆以薄于自奉而不爱其生，而不知是乃所以养生也。

故家子弟[15]，不勤不俭，约有二病：一则纨绔成习，素所不谙[16]；一则自负高雅，无心琐屑。乃至游闲放荡，博弈酣饮，以有用之精神，而肆行无忌，以已竭之金钱，而益喜浪掷[17]。此又不待苟取之为害，而已自绝其生理矣。孔子曰："谨身节用，以养父母。"可知孝弟之道，礼义之事，惟治生者能之。奈何不惟勤俭之为尚也！

注释

[1] 大舜：舜。传说中的远古帝王。武周：周武王。灭商而建周之开国之君。泰伯：太伯。周朝的祖先古公亶父的长子。伯夷：商末孤竹君之子。这四个人是中国上古的四大孝子，均有为后世所景仰的孝行。

[2] 晨省昏定：早晚向父母请安。这是古代礼教中子女待父母的日常礼仪。

[3] 推梨让枣：指兄弟间相互友爱。汉末孔融兄弟七人，融居第六，四岁时，与诸兄共食梨，融取小者，大人问其故，答道："小儿，法当取小者。"又南朝梁王泰幼时，祖母集诸孙侄，散枣栗于床，群儿皆竞取，泰独不取。问之，答道："不取，自当得赐。"

[4] 老莱子：春秋时的大孝子，年过七十，为了让父母高兴，身穿五彩之衣，在堂前当着父母的面作婴而戏，此即"二十四孝"中著名的"老莱子彩衣娱亲"的故事。

[5] 司马温公兄伯康：北宋的司马光，对兄长司马伯康很敬爱。

[6] 孝弟为仁之本：典出《论语·学而》："有子曰：'……君子务本，本立而道生。孝弟也者，其为仁之本与！'"意为君子追求根本，根本树立了，道也就树立了。孝弟之德，就是仁的根本。有子，孔子的弟子有若。

[7] 乌：哪里。

[8] 孝弟之至，通于神明，光于四海：行孝道达到一定的程度后，就能得到神明的保佑，并能扬名四海。

[9] 苟取：用不正当的手段取得。

[10] 黠：聪明而狡猾。

[11] 赢诎：富有，贫穷。诎，穷，尽。

[12] 补苴：本指补缀、缝补，此处引申为弥补。

[13] 逋：拖欠。

[14] 藜藿：本指两种可食的植物，此指粗劣的饭菜。

[15] 故家子弟：世家大族的子弟，世代仕宦之家。

[16] 谙：熟悉，知道。

[17] 浪掷：挥霍，浪费。

读书

　　读书须先论其人，次论其法。所谓法者，不但记其章句，而当求其义理。所谓人者，不但中举人进士要读书，做好人尤要读书。中举人进士之读书，未尝不求义理，而其重究竟只在章句。做好人之读书，未尝不解章句，而其重究竟只在义理。先儒谓今人不会读书，如读《论语》，未读时是此等人，读了后，只是此等人，便是不会读。此教人读书识义理之道也。要知圣贤之书，不为后世中举人进士而设，是教千万世做好人，直至于大圣大贤。所以读一句书，便要反之于身，我能如是否？做一件事，便要合之于书，古人是如何？此才是读书。若只浮浮泛泛，胸中记得几句古书，出口说得几句雅话，未足为佳也。所以又要论所读之书，尝见人家几案间摆列小说杂剧，此最自误，并误子弟，亟[1]宜焚弃。人家有此等书，便为不祥。即诗词歌赋，亦属缓事。

　　若能兼通《六经》及《性理》《纲目》《大学衍义》诸书[2]，固为上等学者。不然者，亦只是朴朴实实，将《孝经》《小学》《四书》本注[3]置在案头。尝自读，教子弟读，即身体而力行之。难道不成就好人？难道不称为自好之士？究竟实能读书，精通义理，世间举人进士，舍此而谁？不在其身，必在其子孙。

积德

积德之事，人皆谓惟富贵然后其力可为。抑知富贵者，积德之报，必待富贵而后积德，则富贵何日可得？积德之事何日可为？惟于不富不贵之时，能力行善，此其事为尤难，其功为尤倍也。盖德亦是天性中所备，无事外求。积德亦随在可为，不必有待。假如人见蚁子入水、飞虫投网，便可救之。又如人见乞人哀叫，辄与之钱，或与之残羹剩饭。此救之、与之之心，不待人教之也。即此便是德，即此日渐做去便是积。今人于钱财田产，即去经营日积，而于自己所完备之德，不思积之，又大败之，不可解也。

今亦须论积之之序，首从亲戚始，宗族邻党中有贫乏孤苦者，量力周给。尝见人广行施与，而不肯以一丝一粟，援手穷亲，亦倒行而逆施矣。次及于交与[4]与凡穷厄之人。朋友有通财之义，固不必言。其穷厄之人虽与我素无往来，要知本吾一体[5]，生则赈给，死则埋骨，惟力是视，以全我恻隐之心。次及于物类。今人多少放生，究竟末务。有不须费财者，如任奔走、效口舌、解人厄、急人病、周旋人患难，不过劳己之力，更何容吝？又有不费财并不劳力者，如隐人之过、成人之善。又如启蛰[6]不杀，方长不折[7]，步步是德，步步可积。但存一积德之心，则无往而不积矣。不存一积德之心，则无往而为德矣。要知吾辈今日，不富不贵，无力无财，可以行大善事、积大阴德，正赖此恻隐之心。就日用常行之中，所见所闻之事，日积月累，成就一个好人。不求知于世，亦不责报于天。若又不为，是真当面错过也。不富不贵时不肯为，吾又未知即富即贵之果肯为否也。

注释

[1] 亟：同"急"，急切，赶紧。

[2]《性理》：《性理大全》，明代胡广等奉敕编撰，是阐述、宣扬理学思想的性命之学的书。《纲目》：《资治通鉴纲目》，南宋理学家朱熹和其学生赵师渊修撰。《大学衍义》：南宋真德秀撰，因《大学》之义而推衍之，故名"衍义"，为元、明、清三朝皇族学士必读之书。

[3]《孝经》：儒家十三经之一，专门阐明儒家的孝道思想，作者不明。《小学》：朱熹撰，主要是教育小孩子的一些日常生活礼仪，灌输封建道德礼仪的启蒙教材。《四书》本注：朱熹撰的《四书章句集注》。

[4] 交与：朋友。

[5] 本吾一体：理学"民胞物与"的思想，即天下人都是同胞，应相互爱怜且万物与我相亲，故亦应爱万物。故此说素不相识者为"本吾一体"。

[6] 启蛰：动物于冬日蛰伏，至春又复出活动，故称"启蛰"，这里指春天的动物。

[7] 方长不折：刚长出来的植物嫩苗不折伤。

家戒

李颙

导读

　　李颙作为改朝换代时期的儒家信徒，操守、道义之遵可谓做到了极致。其一生不仕，只为定节。所以落实在家训上，也可以说是以自身的铮铮铁骨书写下了一篇钢训铁卷。他要求子弟做到读书之正，除儒家正统经书以外，绝不读任何离经叛道、邪秽不正之书。此外，他还要求子弟做到交友之正、言谈之正，树立自己坚忍高洁的品格，宁愿孤立无助，也绝不可苟同流俗，宁愿忍受饥寒，也不可向人求怜。而支撑他的信念是什么呢？"信命安义，以礼为律。如是，则德成品立，不愧须眉。"这就是个性昭彰的李二曲。

作者简介

　　李颙（1627—1705），字中孚，号二曲。明清之际思想家、哲学家。陕西周至人。因为"周至"的古字在《汉书》中解释为山曲和水曲，所以人们便称他为"二曲先生"。李颙幼时家贫，借书苦学，遍读经史诸子以及释道之书。曾讲学于江南,门徒甚众,后主讲于关中书院。与孙奇逢、黄宗羲并称为海内三大鸿儒。后来清廷屡以博学鸿词征召,李颙都以绝食坚拒而免。著有《四书反身录》《二曲集》等。

所读之书,自《五经》《四书》《性》《鉴》[1]《衍义》外,不可泛及天文、谶纬[2]、《水浒》《西厢》一切离经叛道、邪秽不正之书。所交之人,自德业相劝、过失相规良友外,不可滥及缁流羽士[3]、游客营丁、扶鸾压镇[4]、妄谈休咎一切异端左道、偏颇不正之人。所讲之言,自身心性命、纲常伦理外,不可语及朝廷利害、官员贤否、边报声闻并各人家门私事,不可出入公门,不可管人闲事。立身行己,以《小学》[5]为金镜,惜寸阴,戒佚游[6],坚其志,强其骨,务思所以自树,宁孤立无助,不可苟同流俗,宁饥寒是甘,不可向人求怜。信命安义,以礼自律。如是,则德成品立,不愧须眉[7]。

余土室[8]中人也,灰心槁形[9],坐以待尽。荆扉反锁,久与世睽[10],断不破例启钥[11]接见一人,并旧所从游,亦槩多不面[12]。有固求言以自勖[13]者,因书揭壁戒子之言贻之[14],以代晤对[15]。

注释

[1]《性》:指《性理大全》。《鉴》:指《资治通鉴》。

[2] 谶纬:流行于汉代的一种迷信。

[3] 缁流：指的是佛教僧徒。僧尼多穿黑衣，故称。羽士：道士的别称。

[4] 扶鸾压镇：泛指占卜算命。扶鸾，扶乩，是中国道教的一种占卜方法。

[5]《小学》：朱熹著，全书六卷，分内、外两篇。

[6] 佚游：逸游，放纵游荡而无节制。

[7] 须眉：代指男子。

[8] 土室：土屋，泛指居于陋屋中的贫士。

[9] 灰心槁形：形容身体衰弱，意志消沉。

[10] 睽：不顺，乖离。

[11] 启钥：开锁。

[12] 槩：通"概"，一概。不面：不见。

[13] 自勖：自我勉励。

[14] 贻之：赠给他。

[15] 晤对：会面交谈。